HONDA

PCX [JK05][KF47]

CUSTOM & MAINTENANCE

ホンダ PCX [JK05][KF47] カスタム&メンテナンス

STUDIO TAC CREATIVE

CONTENTS
目 次

HONDA
PCX [JK05][KF47]
CUSTOM & MAINTENANCE

表紙撮影＝佐久間則夫

どこまでも続く道の彼方へ

PCX

普段の生活の中で当たり前のように通る道。その道は果てしなく続き、未知の世界へと繋がっている。非日常の世界への入り口は目の前にある。それに気付き、旅立つかどうかは自分次第なのだ。

写真＝柴田雅人／佐久間則夫 *Photographed by Masato Shibata / Norio Sakuma*

洗練されたデザインに身体に優しくフィットするポジション。出会った瞬間魅了され手に入れることにした相棒は、力強い走りで日常生活をサポートしてくれる。その快適さはいつの間にか当たり前のものになり、欠かせない存在へと昇華していった。

ものの捉え方は多様で、視点を変えればイメージは大きく変わるもの。ちょっと遠くへ。いつもの道をゴールを決めず走り続ければ、当たり前の世界は徐々に存在を弱め、未知の世界へと入り込んでいく。世界も、そしてこのPCXにもまだまだ知らないことが多いと気付く。

車上で過ごす時間が格別なものになっていく

バイクを操る。その行為は変わらないはずなのに、いつもより長く車上にいると特別なものになってくる。どんどんバイクと身体が一体化していく一方で、身構えていた疲れの気配は無く、普段通り優しく身体を支えてくれる。

日常の先にある非日常、移りゆく景色をこれまで通りリラックスした身体で脳裏に刻む。125ccという排気量は日常世界を楽しむものという固定概念が崩れ去り、気持ちさえあれば世界は果てしなく広がることを実感する。一旦足を止め過ぎ去った道のりの長さに驚くが、日常へと帰る道程に不思議と胸が踊り、PCXと共に走り出す。

どこまでも続く道の彼方へ **PCX**

PCX 最新モデルチェック

2021年に登場した４代目PCX。2023年、平成32年排気ガス規制に適合させるマイナーチェンジが実施された。その最新モデルをチェックしていく。

写真＝佐久間則夫 / ホンダ　*Photographed by Norio Sakuma / Honda*

ABS

PCX
シャープさが際立つリアクオータービュー
HONDA

PCX

独特なマフラーが力強さを象徴する

RIGHT-SIDE

ABS

PCX

加速感を想起する前下がりなフォルム

LEFT-SIDE

HONDA
PCX
DNAを感じさせるフロントマスク
FRONT

REAR **進化を象徴するリア周り**

スタイルと実用性をハイレベルに融合させた

2010年に誕生したPCX。原付2種クラスのスクーターは10インチや12インチの小径ホイールを使った小柄なボディを採用するモデルばかりであったなか、14インチホイールを用い大柄で高級感あるボディをまとって登場したPCXは異色かつ新時代を感じさせるモデルであった。その先進性は車体だけに留まらず、カタログ値で53.0km/Lにも達する燃費、ゆとりのある動力性能を生む新型エンジンもその魅力の大きな要素であった。そんなPCXは発売されると大ヒットし、ライバルに遅れを取っていた原付2種クラスにおいてもホンダがトップだと誰もが認める状況を作り出し、今に続く同クラスの隆盛をもたらす原動力となった。

そんなPCXは2014年、2018年とフルモデルチェンジを実施、順当に進化していき、4代目となるJK05型は2021年に販売開始された。

JK05型では4バルブヘッド採用の新型エンジン、剛性を高めつつ軽量化も達成した新設計フレームと車両の根幹部分の変更を加えただけでなく、歴代PCXで継承されてきたタイヤサイズも変更しリアタイヤは13インチとなった。そのリアはブレーキもディスク化され、フロントABSを標準化。トラクションコントロールシステム採用、ラゲッジボックスの拡大、ハンドルのラバーマウント化、デザインの刷新等々、あらゆる部分において進化を果たしている。

現行モデルはそれをベースにしつつ、平成32年（令和2年）排出ガス規制への適合を中心としたマイナーチェンジを実行したもので、2023年1月26日に発売された。一口に排気ガス規制への対応といえその新規制は非常に厳しいもので、対応は容易ではない。エンジンスペックが低下するのが通常であるがPCXでは最大出力、最大トルクとも維持とホンダの高い技術が伺い知れる。高い質感、性能に加え優れた環境性能を持つPCX、人気が続くのも納得だ。

SPECIFICATION

車名・型式		ホンダ・8BJ-JK05
全長(mm)		1,935
全幅(mm)		740
全高(mm)		1,105
軸距(mm)		1,315
最低地上高(mm)		135
シート高(mm)		764
車両重量(kg)		133
乗車定員(人)		2
燃料消費率(km/L)	国土交通省届出値:定地燃費値(km/h)	55.0 (60)〈2名乗車時〉
	WMTCモード値(クラス)	48.8 (クラス1)〈1名乗車時〉
最小回転半径(m)		1.9
エンジン型式		JK05E
エンジン種類		水冷4ストロークOHC4バルブ単気筒
総排気量(cm³)		124

内径×行程(mm)		53.5×55.5
圧縮比		11.5
最高出力(kW[PS]/rpm)		9.2[12.5]/8,750
最大トルク(N・m[kgf・m]/rpm)		12[1.2]/6,500
始動方式		セルフ式
燃料供給装置形式		電子式〈電子制御燃料噴射装置(PGM-FI)〉
点火装置形式		フルトランジスタ式バッテリー点火
燃料タンク容量(L)		8.1
変速機形式		無段変速式(Vマチック)
タイヤ	前	110/70-14M/C 50P
	後	130/70-13M/C 63P
ブレーキ形式	前	油圧式ディスク(ABS)
	後	油圧式ディスク
懸架方式	前	テレスコピック式
	後	ユニットスイング式
フレーム形式		アンダーボーン

メーカー希望小売価格(税込) 363,000円

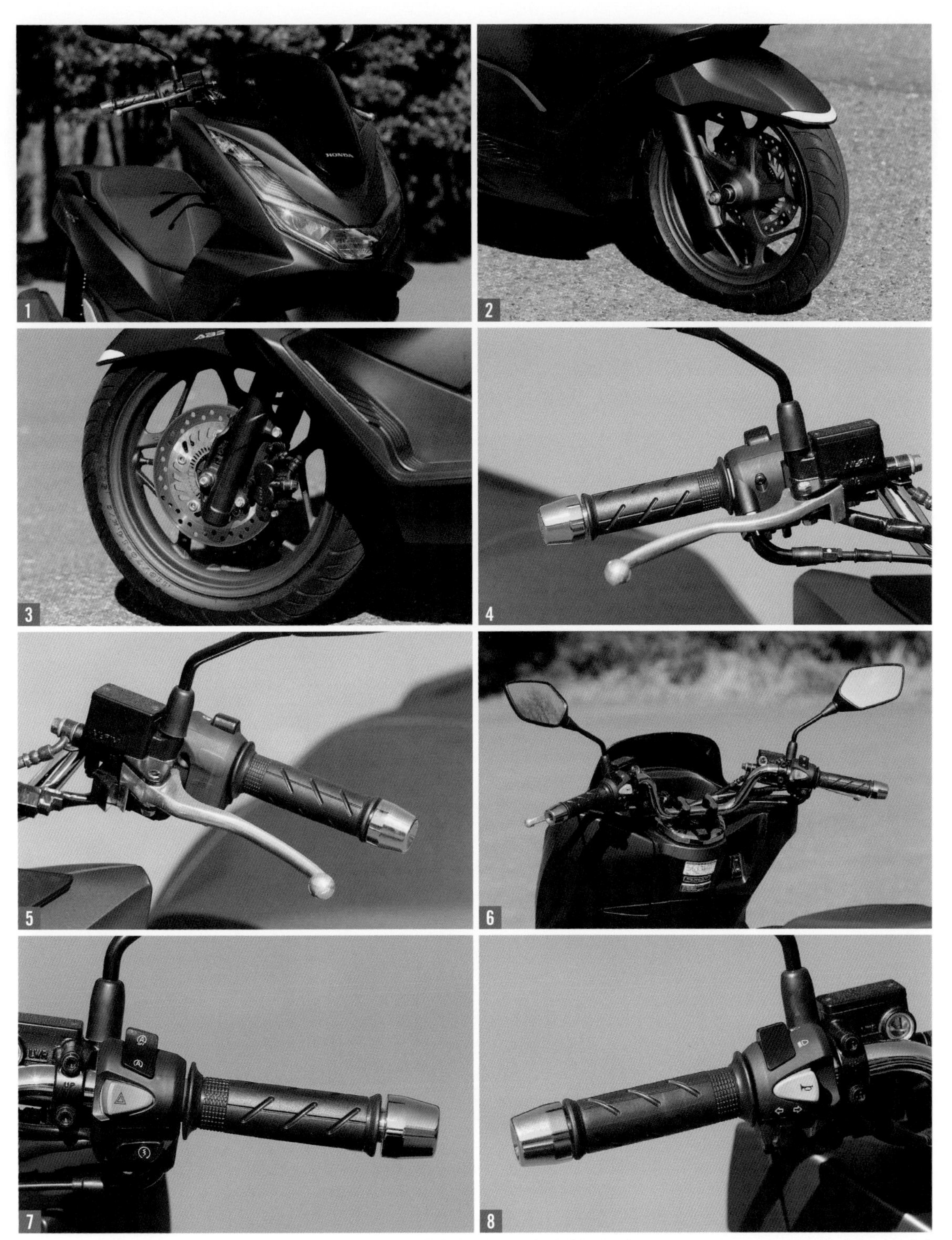

1. ウインカー一体のV型ヘッドライトというPCXの伝統を受け継ぎつつ新デザインとしたフロントフェイス。スクリーンはダークスモークタイプで下方への張り出しが少ないデザインへ改められた　2. 初代で90mm幅、先代で100mmだったフロントタイヤは110mm幅へサイズアップ。グラマラスなボディとの視覚的マッチングは良好。ホイールも5本Y字スポークの新デザインとなった（サイズは 2.75-14）　3. フロントブレーキは片押し2ポットキャリパーを使ったディスク式。モデル限定だった1チャンネルABSが標準装備となった。Φ220mm ディスクは前モデルから継承している　4. 初代から続くクロームバーハンドルはクランプ周りのカバーを一新。そのカバー下のハンドルホルダーは新たにラバーマウント化され、手へ伝わる不快な振動を軽減している　5.6. ブレーキマスターシリンダーは前Φ1/2インチ、後Φ11mmサイズを使う　7. 上からアイドリングストップモード切り替えスイッチ、ハザードスイッチ、スタータースイッチが配置される右スイッチボックス　8. 左スイッチボックスにはヘッドライト上下切り替えスイッチ、ホーンスイッチ、ウインカースイッチが設置されている

1.2. エンジンは新設計のeSP+を採用。これは4バルブ機構、ボア×ストローク変更等による出力の向上とフリクション低減技術の適応によって従来型を上回る出力特性と優れた環境性能を達成している 3. 外筒を楕円形状とすることで横への張り出しを抑えつつエンドを高い位置にすることでシャープなイメージとしたマフラー。内部構造にも工夫が凝らされている(p.24参照) 4. スピードメーター、燃料計、時計、オドメーター、トリップメーター、平均燃費が表示できる液晶メーター 5. 液晶メーター左右にはライン状のウインカーインジケーター、各種警告灯 / 表示等を配置しつつ一層ワイドで車体の水平基調の伸びやかなイメージに合うデザインとしている 6. スマートキーシステム採用により鍵穴が無いメインスイッチ。写真位置はOffで左に回すとシートと燃料タンクリッドが開けられるSEAT FUEL、更に回せばONとなり、押しながら右に回せばハンドルロックができるようになる。その右の縦長のボタンは燃料タンクリッド / シートロックオープナースイッチだ 7. メインスイッチの逆側には最大積載量1kgのグローブボックスがあり、押すとロックが外れ開けることができる 8. 車体中央にタンクを設置しているため、シート前方下に配置されている燃料タンクリッド。リッドには燃料タンクキャップ置き場がある 9. フロアステップ平坦部は自由度の高いライディングポジション実現のため、前モデルに対し前方と外方向へそれぞれ30mm拡張している

PCX

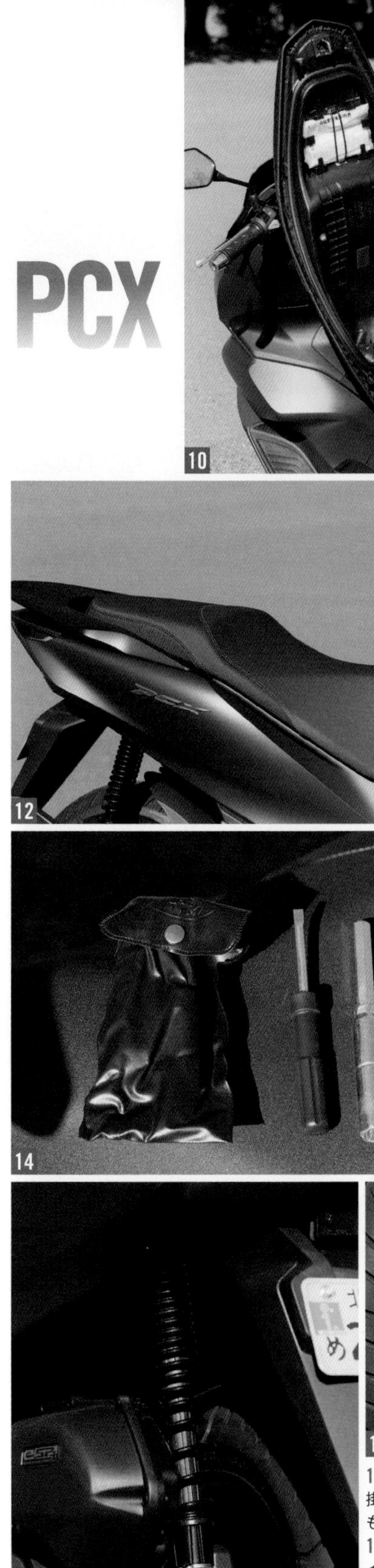

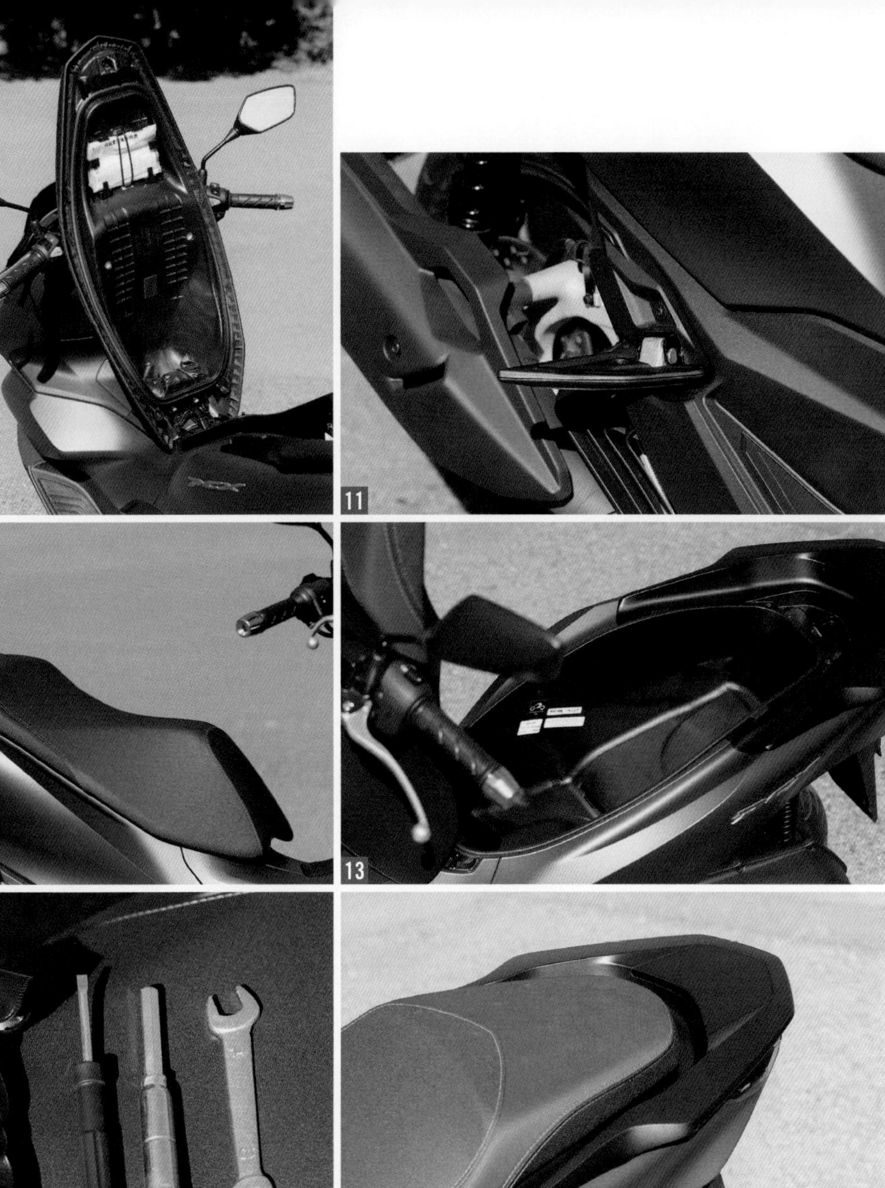

10. シート裏面には、後方に書類、前方に車載工具をマウント。またシートのヒンジ左右にはリングを掛けて使うヘルメットホルダーが設けられている　11. タンデムステップは折りたたみ式で、未使用時もスタイリッシュな設計　12. 従来モデル同様、着座位置の自由度が高くなるよう設計されたシート　13. シート下ラゲッジボックスはそれまでの28Lから30Lと容量を拡大。サイズや形状によるがフルフェイスヘルメット1個が収納できる　14. プラグレンチ、10/14mmの片口レンチ、プラスドライバーの3点構成となる車載工具　15. グラブレールは形状、肉厚の最適化により310gの軽量化を実現。車両重心から遠い位置にあるだけに、この軽量化は軽快なハンドリングや取り回しやすさに貢献するものだ　16. リアのアクスルストロークが10mm増加したことで従来モデルより延長されたリアサスペンション。13インチ化されたうえに幅が太くなりエアボリュームが増えたリアタイヤとの相乗効果によって優れた乗り心地を実現している　17. Φ220mmディスクを使ったディスクブレーキ式となったリア　18. X字スタイルに磨きをかけ立体的な光り方としたテールランプ

PCX160

活躍の場面を増やした160ccモデル

初代モデル中盤から追加された150ccモデルは、自動車専用道も走れるのが特徴。125ccモデルには敵わないが、それでも想定以上の人気を得てきた。現行モデルではその排気量を7cc拡大し、車名もPCX160へと変更。基本構成はPCXと同じであり、取り回した感覚も同一。一般公道を走ってみた印象もPCXとの明確な違いは感じづらい。しかし最高速を大きく左右する最高出力の差は少なくなく、パワーカーブも高回転域で違いは如実でそれは当然走りにも現れる。また自動車道を走れないという制約が外れることによる行動範囲の広さ、道の選択肢の多さはPCXとは比較にならない。ただ維持費も違ってくるので用途に合わせて選んでいこう。

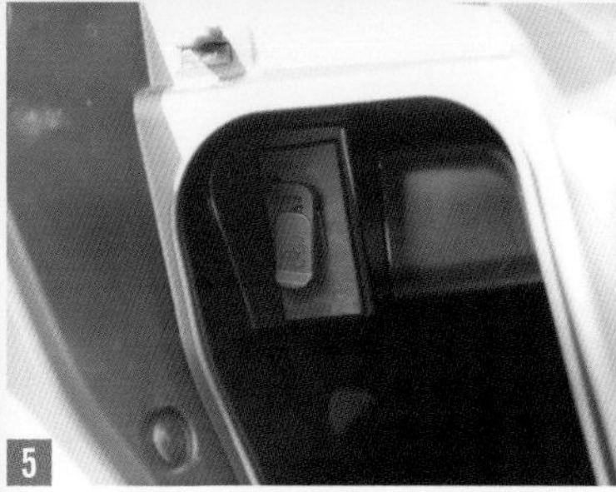

1.156ccから12.0kW/8,500rpmの最高出力を発揮するエンジンも新設計されたeSP+。PCXに比べ2.8kWパワフルで最大トルクも3N·m上回るだけでなく、先代のPCX150と比べても全域でパワーアップを果たしている。マフラーは構造が異なる専用品　2.外観は125cccエンジンと変わらないが、左側クランクケース下にある刻印は156ccエンジンの形式名であるKF47Eとなっており違いを目視できる　3.フロント周りも構成は共通だが、原付2種ではないので、フェンダー先端に白いラインは無い　4.当然リアフェンダーにも原付2種の証である白い三角ステッカーは無し。ボディ側面のロゴも専用品を使う　5.PCX同様、グローブボックス内にはUSBソケットを標準装備。現行モデルで初採用となったものの1つだ　6.ホーンはカウルの内側、この位置に取り付けられている

SPECIFICATION

車名·型式		ホンダ·8BK-KF47
全長(mm)		1,935
全幅(mm)		740
全高(mm)		1,105
軸距(mm)		1,315
最低地上高(mm)		135
シート高(mm)		764
車両重量(kg)		133
乗車定員(人)		2
燃料消費率(km/L)	国土交通省届出値:定地燃費値(km/h)	53.5(60)〈2名乗車時〉
	WMTCモード値(クラス)	43.7(クラス 2-1)〈1名乗車時〉
最小回転半径(m)		1.9
エンジン型式		KF47E
エンジン種類		水冷4ストロークOHC4バルブ単気筒
総排気量(cm³)		156

内径×行程(mm)		60.0×55.5
圧縮比		12.0
最高出力(kW[PS]/rpm)		12[15.8]/8,500
最大トルク(N·m[kgf·m]/rpm)		15[1.5]/6,500
始動方式		セルフ式
燃料供給装置形式		電子式〈電子制御燃料噴射装置(PGM-FI)〉
点火装置形式		フルトランジスタ式バッテリー点火
燃料タンク容量(L)		8.1
変速機形式		無段変速式(Vマチック)
タイヤ	前	110/70-14M/C 50P
	後	130/70-13M/C 63P
ブレーキ形式	前	油圧式ディスク(ABS)
	後	油圧式ディスク
懸架方式	前	テレスコピック式
	後	ユニットスイング式
フレーム形式		アンダーボーン

メーカー希望小売価格(税込) 412,500円

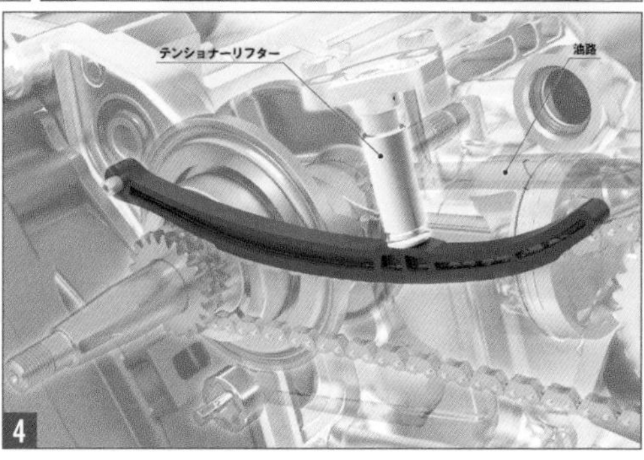

1. よりショートストロークとなり圧縮比も高められた新型 eSP+エンジン　2. 4バルブ化によりバルブ総面積を拡大。吸気効率と排気効率を高めて高出力化を達成した　3. クランクシャフトも新設計して剛性をアップ。右ベアリングのローラーベアリング化と合わせ出力向上と騒音・振動の低減に寄与している　4. フリクション低減、騒音・振動の抑制により燃費の向上とタフネス性を実現する油圧式カムチェーンテンショナーリフターを採用する

■吸気経路イメージ（CGイメージ）

エアクリーナーからインレットパイプまでの吸気通路を拡大。またスロットルボディも口径をΦ26mmからΦ28mmと拡大することで吸気効率を向上。スロットル低開度から力強いドライバビリティを実現するため特許出願した整流板を新たに採用したのもポイントだ

■HSTCシステム図

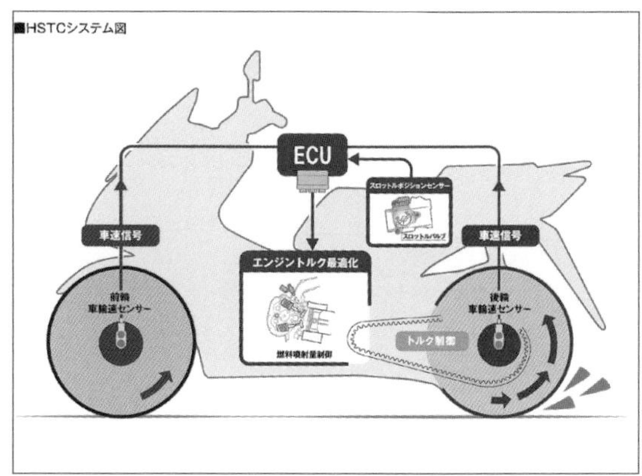

スリップしやすい路面での安心感を提供するトルクコントロール、HSTCを新採用。前後輪の車輪速センサーで後輪のスリップ率を算出。スロットルバルブ開度に応じてエンジントルクを制御し、後輪のスリップを抑制するもので、メーター内のインジケーターで作動をライダーに知らせる

マフラーも新設計で、内部の膨張室をつなぐパイプをストレート構造とすることで排気抵抗を低減。またキャタライザー配置の最適化で排気ガスの浄化性能を高め、力強い走りと高い環境性能を達成する。1はPCX、2はPCX160だがこれは2021年モデルの図なので現行モデルでは変更が入っている

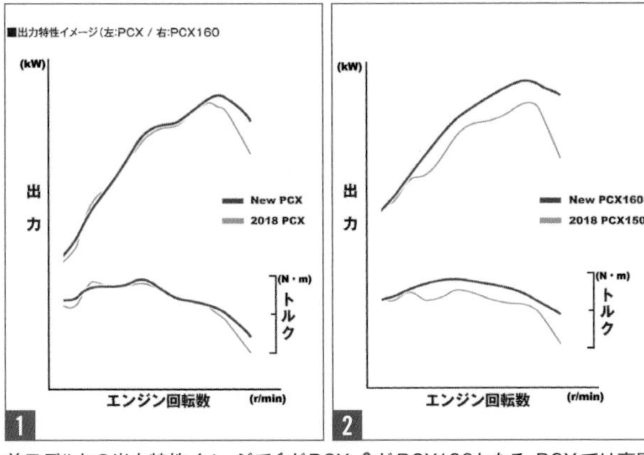

前モデルとの出力特性イメージで1がPCX、2がPCX160となる。PCXでは高回転での出力を向上しつつカーブはよりなめらかになっていることが、PCX160ではなめらかなカーブを描きつつ全域でパワーアップしているのが読み取れる

出力が向上したエンジンに合わせて、ドライブ/ドリブンフェイス直径を拡大しつつ形状を最適化。クラッチの形状変更、ミッションシャフトのサイズアップもされている

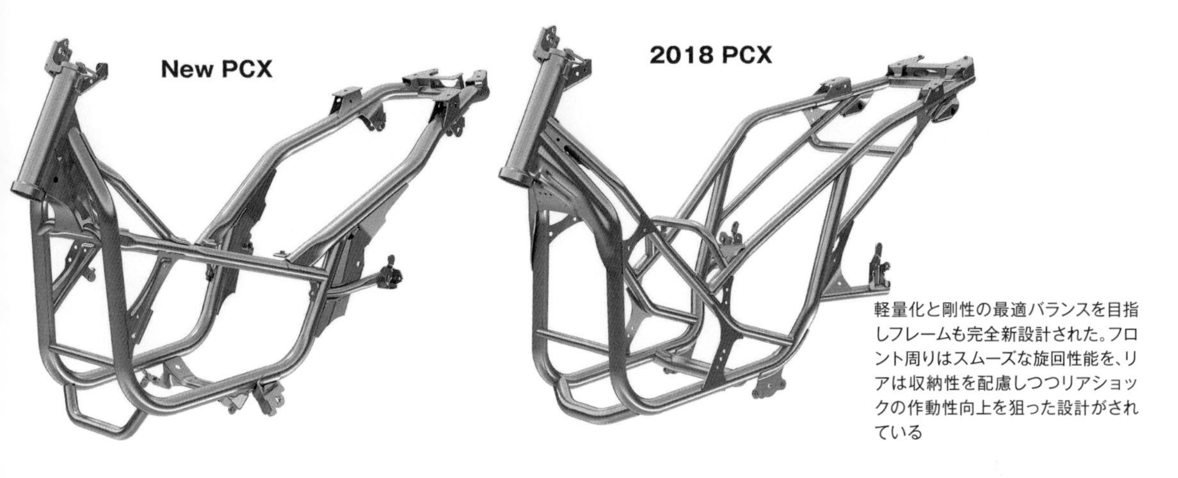

軽量化と剛性の最適バランスを目指しフレームも完全新設計された。フロント周りはスムーズな旋回性能を、リアは収納性を配慮しつつリアショックの作動性向上を狙った設計がされている

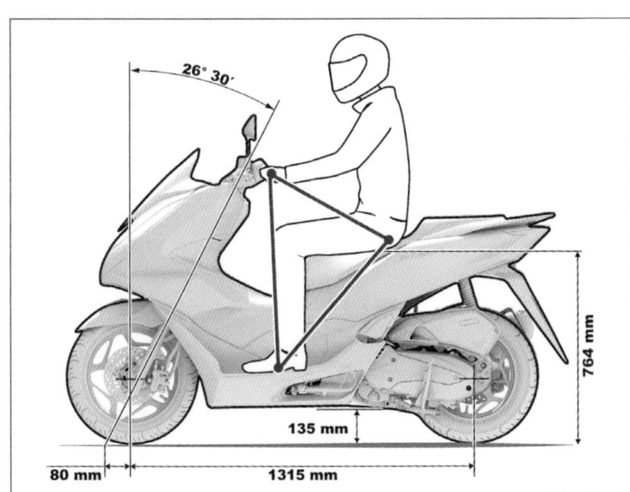

初代から受け継ぐゆったりとしたライディングポジションによるワンランク上の乗車感のさらなる向上を目指し、フロアステップ平面部を前方と外方向に各30mm拡張

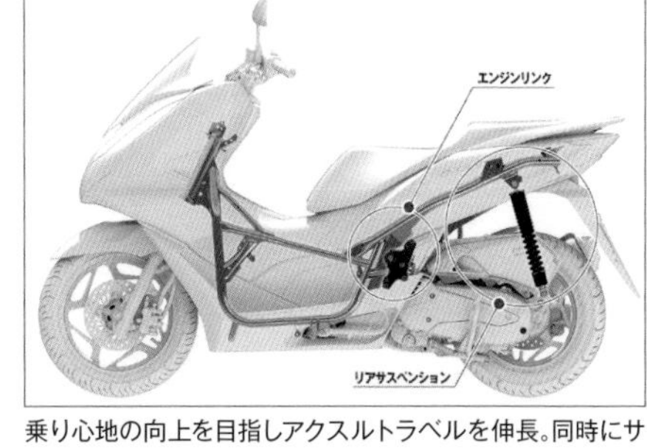

乗り心地の向上を目指しアクスルトラベルを伸長。同時にサスがストロークする時の応力を低減するため、エンジンリンクとサスペンションの取付角度を最適化している

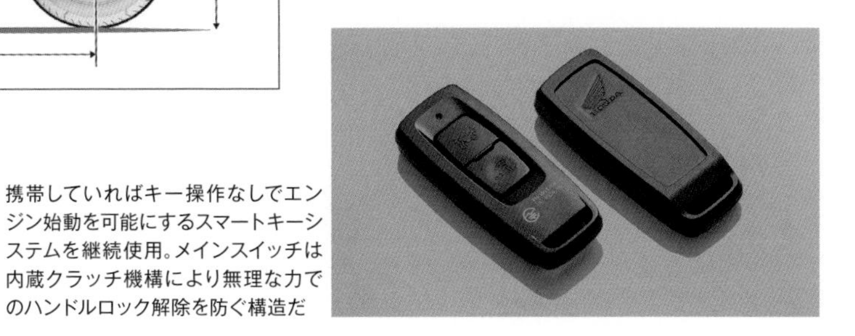

携帯していればキー操作なしでエンジン始動を可能にするスマートキーシステムを継続使用。メインスイッチは内蔵クラッチ機構により無理な力でのハンドルロック解除を防ぐ構造だ

現行モデルカラーラインナップ

最後に、これまで紹介した2カラー以外の現行モデルのカラーリングを紹介する。PCXにマッチした落ち着いたカラーリングが揃っている。

PCX

先に紹介したマットスーツブルーメタリックを含め5カラー設定となる現行モデル。半数を超える3カラーはマットカラーと、シックなラインナップとなっている。

マットマインブラウンメタリック

パールジャスミンホワイト

ポセイドンブラックメタリック

マットディムグレーメタリック

PCX160

p.22で紹介したマットマインブラウンメタリックを含め4カラーとPCXより絞ったカラーラインナップとなるPCX160。どれを選ぶか、納得いくまで悩んでほしい。

ポセイドンブラックメタリック

パールジャスミンホワイト

マットディムグレーメタリック

PCX ヒストリー

PCX HISTORY

登場から14年が経過したPCX。新時代のミドルスクーター像を生み出したPCXはモデルチェンジを繰り返し今の姿となったのだが、その歴史とカラーラインナップをここで振り返っていくことにしたい。

写真＝Honda

2010

すべてに革新性を持った新世代スクーター

2010年3月16日に発表、同30日に販売開始された初代PCX。「クラスを超えた質感の高さと先進スタイリング」「高い動力性能と環境性能の両立」「スクーターに求められる快適さと使い勝手の良さ」をキーワードにワンランク上の次世代125ccスクーターとして開発された。新開発の水冷エンジンは53km/Lの低燃費を実現し、大径14インチホイールは優れた走行安定性と快適な乗り心地を生む。発表直後から高い人気を得ることになった。

パールヒマラヤズホワイト

キャンディーロージーレッド

アステロイドブラックメタリック

2012

eSPエンジン採用で進化を果たす

耐久性と静粛性、燃費性能を高めたスクーター用グローバルエンジン、eSPに変更されたのがこの年。シートのバックレスト形状変更やエンジンマウント位置の変更も行なわれた。また152ccエンジン搭載のPCX150も同時に発表され、11月には限定Special Editionが発売された。

PCX150 ミレニアムレッド

PCX150 パールヒマラヤズホワイト

PCX パールヒマラヤズホワイト

PCX キャンディーライトニングブルー

PCX Special Edition パールヒマラヤズホワイト

PCX Special Edition マットガンパウダーブラックメタリック

PCX150 マットガンパウダーブラックメタリック(追加色)

2014

LED採用の2代目にフルモデルチェンジ

誕生から4年、PCXは初のフルモデルチェンジを敢行した。新設計のフロント・リアカウルとした上で全灯火類にLEDを採用。エンジンにも一部改良し低・中速域で力強いトルク特性とすることで燃費性能を向上。リアタイヤに転がり抵抗の少ない低燃費タイヤを新採用する他、バックレスト一体型シートとしライディングポジションの自由度を高めている。また燃料タンク容量を5.9Lから8.0Lと拡大し、航続距離を大きく高めている点にも注目だ。

PCX キャンディーノーブルレッド

PCX ポセイドンブラックメタリック

PCX パールジャスミンホワイト

PCX150 ポセイドンブラックメタリック

PCX150 パールジャスミンホワイト

PCX150 マットテクノシルバーメタリック

2015

新色追加で4カラー展開に

モデルチェンジによりスタイリッシュで高級感のある外観となった2代目PCXは20代、30代を中心に高い支持を得ていた。2015年5月22日にそれまでPCX、PCX150にしか設定のなかった色をお互いに追加し、両車共通の4色のカラーラインナップとした。

PCX マットテクノシルバーメタリック

PCX150 キャンディーノーブルレッド

2016

特別カラーモデルを限定発売

4年ぶりに特別カラーをまとったSpecial Editionが発表された。前回は台数限定(2色で計4,000台)だったが、今回は4月21日から7月31日の受注期間限定モデルとして、PCX、PCX150とも同じ2色が設定された。また通常色にパールダークアッシュブルーが追加されている。

PCX パールダークアッシュブルー

PCX Special Edition ポセイドンブラックメタリック

PCX Special Edition パールジャスミンホワイト

PCX150 Special Edition ポセイドンブラックメタリック

PCX150 Special Edition パールジャスミンホワイト

PCX150 パールダークアッシュブルー

2017

通常カラー初の2トーンを追加

2月1日発表、同10日発売となった2017年モデルはカラーバリエーションを変更した。通常モデルに初の2トーンカラー2種とクリッパーイエローを追加。パールダークアッシュブルー、パールジャスミンホワイト、2トーンでないポセイドンブラックメタリックの6ラインナップとなった。

PCX クリッパーイエロー

PCX キャンディーロージーレッド

PCX ポセイドンブラックメタリック

PCX150 クリッパーイエロー

PCX150 キャンディーロージーレッド

PCX150 ポセイドンブラックメタリック

2018

熟成を深めた3代目へモデルチェンジ

流麗で伸びやかなデザインにより先進性と上質感をより強調したスタイルをまとって登場した3代目。エンジンは燃費性能と中・高回転域の出力を向上。剛性の高いダブルクレードル構造フレーム採用、ホイールの軽量化、タイヤのワイド化等で、より快適な乗り心地と軽快な操作性を実現している。150にはABSタイプを設定した点、世界初の市販ハイブリッドバイクPCX HYBRID、電動版PCX ELECTRICが登場したのも大きなポイントだ。

PCX キャンディラスターレッド

PCX ポセイドンブラックメタリック

PCX パールジャスミンホワイト

PCX ブライトブロンズメタリック

PCX150ABS キャンディラスターレッド

PCX150ABS ポセイドンブラックメタリック

PCX150ABS パールジャスミンホワイト

PCX150ABS ブライトブロンズメタリック

PCX HYBRID パールダークナイトブルー

PCX ELECTRIC パールグレアホワイト

2020

受注期間限定モデルを設定

フルモデルチェンジから2年。変わらず幅広い支持を受けてきたPCXにマット塗装を採用した受注期間限定（2月14日～5月31）モデルが2種類設定された。通常カラーリングは継続され機種ラインナップも変わらない（ELECTRICは登場以来リースのみ）。

PCX マットギャラクシーブラックメタリック

PCX マットイオンブルーメタリック

PCX150ABS マットギャラクシーブラックメタリック

PCX150ABS マットイオンブルーメタリック

2021

エンジン、車体とも一新した

2020年12月8日に発表、2021年1月28日発売となった本モデルで3度目のフルモデルチェンジを実施。出力向上とさらなる低燃費を実現し新設計された4バルブeSP+エンジンを採用した。またそれまでの150は排気量を拡大し160へと生まれ変わっている。フレームも新設計されリアタイヤを13インチへ。ABSも全車標準装備となった。2つのモーターアシスト特性が切り替えられるPCX HYBRIDはPCX e:HEVと改名された。

PCX ポセイドンブラックメタリック

PCX マットディムグレーメタリック

PCX マットコスモシルバーメタリック

PCX キャンディラスターレッド

PCX パールジャスミンホワイト

PCX160 ポセイドンブラックメタリック

PCX160 マットディムグレーメタリック

PCX160 キャンディラスターレッド

PCX160 パールジャスミンホワイト

PCX e:HEV パールジャスミンホワイト

2022

カラーバリエーションを変更

2022年6月に行なわれたカラーバリエーション変更では、マットギャラクシーブラックメタリックとフォギーブルーメタリックが追加され、パールジャスミンホワイト、マットディムグレーメタリックの共通カラー、PCXはそれにプラスしてポセイドンブラックメタリックのラインナップとなった。

PCX マットギャラクシーブラックメタリック

PCX160 フォギーブルーメタリック

PCX フォギーブルーメタリック

PCX160 マットギャラクシーブラックメタリック

PCX GENUINE ACCESSORIES AND CUSTOMIZE PARTS CATALOG

純正アクセサリー・カスタムパーツカタログ

ここではPCX/PCX160用のカスタマイズパーツとしてホンダのカタログに掲載されているパーツ群を紹介する。購入を希望する場合は、最寄りのホンダ二輪正規販売店に問い合わせてほしい。

トップボックス 35L スマートキーシステムタイプ

¥43,780

スマートキーシステムと連動し取付ベース下のスイッチでボックスの解除ができる。要取付ベース、リッドオープナー

トップボックス取付ベーストップボックス35L スマートキーシステムタイプ用

¥5,610

左記トップボックス用に設計された取付ベース。スマートキーシステム連動スイッチ装備

トップボックス 35L

¥20,900

フルフェイスヘルメットを1個収容可能な容量約35Lのトップボックス。許容積載量3.0kg。要取付ベースおよびキーシリンダーセット

トップボックス取付ベース

¥4,840

左記トップボックス専用の取付ベース。トップボックス取付時はこれとキーリンダーセット(¥2,750)を用意しよう

デイトナGIVI B32NBD

¥21,450

人気のGIVI製のトップボックスで容量は32L。取り付けには別途 GIVI スペシャルキャリアSR1190(¥9,790)が必要

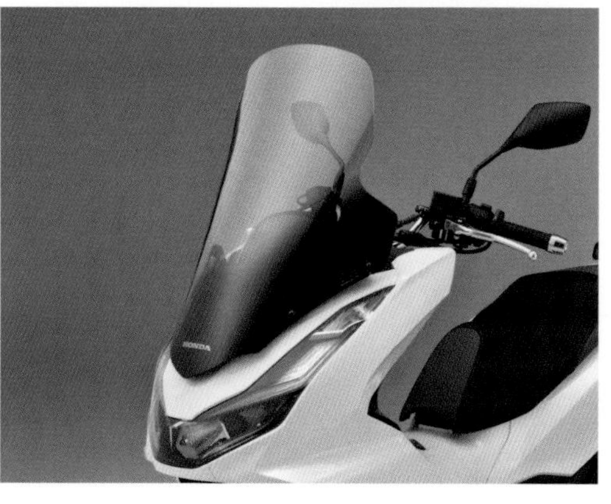

ボディマウントシールド

¥25,300

高い風防効果により走行中の体への雨の付着を軽減すると共に操作性を両立。ポリカーボネイト製でカラーはクリア

ナックルバイザー
¥13,750
拳への風当たりを和らげ雨の付着を軽減。耐衝撃性に優れたポリカーボネイト製。ボディマウントシールドとの同時装着はできない

SP武川 ハンドルガード ¥10,450
Φ22.2mmのパイプを採用したハンドルガードで、ブラケット部はアルミ削り出し。シルバーとブラックの2タイプを設定する

プロト エクステンションバーマスタークランプ
¥2,970
ハンドルバーのクランプ領域を増設する便利なアイテム。ホンダ純正のボディマウントシールド、ナックルバイザーとの同時装着不可

キタコ ハンドルアッパーホルダー
¥7,150
アルミ削り出しで作られたホルダーで、ブラック、レッド、シルバー、ゴールドの4カラーをラインナップしている

プロト BIKERS ハンドルバークランプ
¥7,480
ハンドル中央部を彩る落ち着きある液状デザインがポイント。チタン、ブラック、ライトゴールド、レッド、シルバーの各色あり

プロト BIKERSハンドルバークランプ(一体型)
¥7,480
切削の美しさが際立つ液状加工がされたアルミ製クランプ。ブラック、ライトゴールド、シルバー、レッド、チタンの各色から選べる

モリワキ ハンドルアッパー ホルダー
¥7,150
カッターマークをあえて残す切削表面とアルマイト処理により鈍く光る上質なホルダー。黒、銀、チタンゴールドの各色あり

キタコ ハンドルブレースタイプ1
¥8,800
ハンドルバーの剛性を高める効果もあるハンドルブレース。アルミ製アルマイト仕上げで、シルバー、ゴールド、ブラックの3タイプあり

キタコ　バーエンドキャップ ¥4,400〜6,820

スタイルにこだわって作られたステンレス製バーエンド。素地、ポリッシュ、DLCの3つの仕上げから選ぼう

SP武川 アクセサリーバーエンド ¥7,040

レッド、シルバー、ブラックのアルミ製およびステンレスの計4ラインナップとなるバーエンド。TAKEGAWAロゴがレーザーで刻まれている

プロト BIKERSハンドルバーウエイト ¥9,240

チタン、ブラック、ライトゴールド、レッド、シルバーから選べる、ウエイト機能をもたせながらドレスアップができるハンドルバーウエイト

キタコ ヘルメットホルダー ¥3,520

ブレーキマスターシリンダー部に取り付けるスチール製のヘルメットホルダー。ボディマウントシールド、ナックルバイザーとの同時装着不可

SP武川 ヘルメットホルダーセット ¥4,620

ブレーキマスターシリンダーホルダーに装着するヘルメットホルダー。ボディマウントシールド、ナックルバイザーとの同時装着不可

プロト BIKERSマスターシリンダークランプ ¥1,430

ハンドルブレーキマスタークランプ部を彩る全5色から選べるクランプ。ボディマウントシールド、ナックルバイザーとの同時装着不可

キタコ マスターシリンダーキャップ type5 ¥4,400

ブラック/ガンメタ、ブラック/レッド、ブラック/ゴールド、ブラック/シルバーのカラーバリエーションがあるマスターシリンダーキャップ

モリワキ マスターシリンダーキャップ ¥3,850

アルミ削り出しでモリワキロゴがレーザー印字されたマスターシリンダーキャップ。シルバー、ブラック、チタンゴールドの3色展開

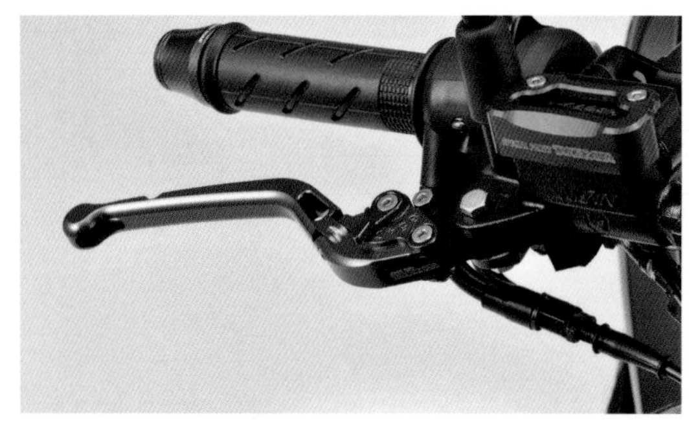

SP武川 アルミビレットバー(可倒式) ¥20,900

レバー位置を6段階に調整できるスタイリッシュなアルミ削り出しレバー。右用と左用が設定されている

プロトBIKERSプレミアムアジャスタブルフロントブレーキレバー ¥10,780

フラットサーフェイスのレバーでレバー位置が6段階で調整できる。アルミ製でカラーはチタン、黒、赤、銀、ライトゴールドから選べる

キタコ
ステップボード
¥23,100

フロア部をドレスアップするアルミ製のステップボード。写真のブラックのほか、シルバーも選べる

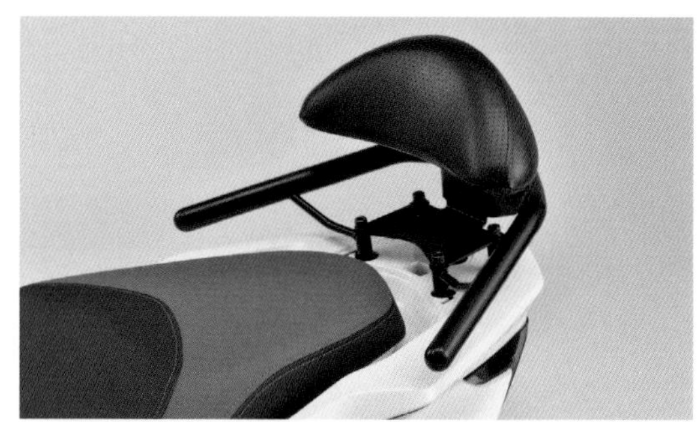

キタコ タンデムバックレスト タイプ3 ¥19,800

タンデムランをより快適なものにしてくれるスチール製ブラック塗装仕上げのタンデムバックレスト

SP武川 ステンレス製グラブバー
¥18,700

デザイン性にも考慮して作られたステンレス製のグラブバー。実用性を大きくアップさせせつつドレスアップができる

SP武川
ステンレス製グラブバー
(バックレスト付き)
¥26,950

リアビューとのマッチングを考慮したドレスアップと実用性を兼ね備えたグラブバーにタンデムライダーに快適感を与えるバックレストを追加

SP武川
クッションシートカバー
(ダイヤモンドステッチ)
¥6,380

滑りにくい生地とダイヤモンドステッチを使ったシート表皮にオリジナルスポンジを貼り合わせることで良好な乗り心地とカスタム感を実現

SP武川 エアフローシートカバー
¥3,300

ノーマルシートに被せるだけで取り付けできるカバーで、通気性とクッション性を追加できるアイテム

SP武川 ライセンスプレート リテーナー

¥3,300

アルミ削り出しのライセンスプレート用のドレスアップリテーナー。PCX160専用2個セット。赤、黒、青、金、銀、ガンメタの6カラー設定

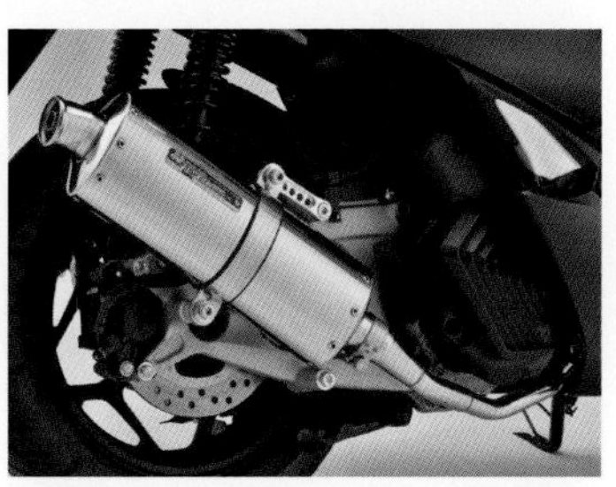

SP武川 パワーサイレントオーバルマフラー

¥74,800

高い排気効率と静粛性を兼ね備えたマフラーでオーバル形状のサイレンサーを採用する。ステンレス製、ポリッシュ研摩仕上げ

SP武川 コーンオーバルマフラー

¥76,780

コーン形状エンド採用のオーバルサイレンサーのマフラー。削り出しのマフラーステーが高級感を演出している

SP武川 スポーツマフラー (ノーマルルック)

¥58,080

ノーマルのヒートプロテクターが装着できるノーマルルックのマフラー。純正スタイルながら一味違った排気音を演出

スポーツ グリップヒーター

¥16,500

握りやすい標準グリップ同等の太さでスイッチON/OFFや5段階の温度調整を左グリップ一体型のボタンで操作するシンプルな構造

キタコ リアショック

¥16,500

無段階のイニシャルプリロード調整ができるオイルダンパー式のリアショック。スプリングカラーはダークレッドとメタリックブルーあり

キタコ スマートキーケースタイプ2 ¥5,280

アルミ製アルマイト仕上げのスマートキーケース。カラーはレッド、ブラック、ガンメタの3種類から選ぼう

キタコ スマートキーステッカー タイプ2 ¥330

スマートキーを簡単にドレスアップできるステッカーで、ブラック/カーボン調、ホワイト/カーボン調、シルバー/ヘアライン調の3種あり

PCX

BASIC MAINTENANCE

PCX ベーシックメンテナンス

高い設計・生産技術によりロングライフを実現している近年のバイク。それでも消耗する部分はあり、その手当をしないと安全・安心して走ることはできない。ここでは基本のメンテナンスを解説する。

写真＝柴田雅人 *Photographed by Masato Shibata*
取材協力＝ホンダモーターサイクルジャパン /Honda Dream 戸田美女木

WARNING 警告

● この本は、習熟者の知識や作業、技術をもとに、編集時に読者に役立つと判断した内容を記事として再構成し掲載しています。そのため、あらゆる人が作業を成功させることを保証するものではありません。よって、出版する当社、株式会社スタジオ タック クリエイティブ、および取材先各社では作業の結果や安全性を一切保証できません。また作業により、物的損害や傷害の可能性があります。その作業上において発生した物的損害や傷害について、当社では一切の責任を負いかねます。すべての作業におけるリスクは、作業を行なうご本人に負っていただくことになりますので、充分にご注意ください。
● 使用する物に改変を加えたり、使用説明書等と異なる使い方をした場合には不具合が生じ、事故等の原因になることも考えられます。メーカーが推奨していない使用方法を行なった場合、保証やPL法の対象外になります。

適切なメンテナンスで安全に楽しく乗ろう

バイクがその性能をいかんなく発揮し、楽しく安全に乗れるのは本来の状態を維持していることが前提となる。その本来の状態は走行距離の増加や時間の経過で損なわれるため、点検やメンテナンスが必要なのだ。タイヤ、エンジンオイル、ブレーキはそれらが必要な代表的な部分として挙げられる。PCXはドライブチェーンのメンテナンスとは無縁な一方、駆動系部品は10,000km程度で点検整備が必要。ただ特別な工具が必須なので、ショップに依頼するのをおすすめする。その他の部分も技術的に不安があるなら点検にとどめ、不具合があったらプロに委ねるのも堅実な方法だ。

1 タイヤ

唯一の接地点であるタイヤは、バイクの走る曲がる止まるという三大要素を実現する上での大前提でもある。使うほど減る消耗品であり、路上の異物による損傷、空気圧減少といった性能を悪化させる要素も多いため、定期点検が欠かせない。

2 ブレーキパッド

PCXのブレーキはディスク式。ブレーキキャリパーでブレーキパッドをブレーキディスクに押し付けることで減速する。ブレーキパッドの摩擦材は使うごとに減り、減りすぎると制動できなくなるため、安全のためには定期点検が欠かせない。

3 ブレーキマスターシリンダー

ブレーキを作動させる、レバーが付いた部品がブレーキマスターシリンダー。この部品は油圧の力で制動力を生むが、そこで使われる「油」がブレーキフルードだ。ブレーキフルードは定期交換すると共に、その量を点検することが重要になってくる。

4 灯火類

灯火類は前方を照らすだけでなく、自分の存在やその後の行動を周囲に伝える重要な役割があり、安全に走行する上で欠かせない部位。作動に問題があっても意外と気が付かないので、日頃から意識してチェックするようにしたい。

5 エンジンオイル

エンジンの性能を発揮する上で重要で寿命にも大きな影響があるエンジンオイル。定期的な交換とともに、その量の点検も大切だ。量が適切でなければエンジンにダメージを与えるからだ。また短期間で減るようならエンジンに問題があると言える。

6 冷却水

ガソリンを燃やしパワーを得るエンジンは、必然的に熱を持つ。エンジンが適切な温度を保つのに活躍しているのが冷却水で、この量が少ないとエンジンを設計通りに冷やすことができなくなるため、時折点検することが求められる。

タイヤの点検

タイヤはあらゆる性能の基盤といえるもので、状態が悪ければ加速、減速、燃費等々、幅広い部分に悪影響が出る。損傷の有無、摩耗状態、空気圧は定期的にチェックしたい。

フロント

01 損傷がないか、異物が刺さっていないかをタイヤ全周で点検する。可能な限り乗車前に実施したい

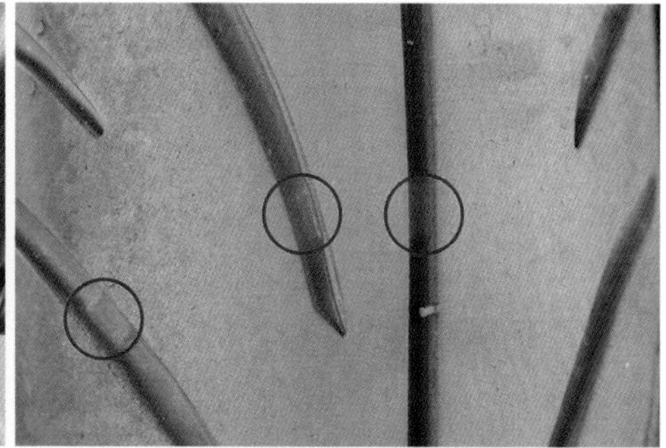

02 タイヤの摩耗はウェアインジケーターが参考になる。タイヤ側面にその位置を示す△印があり、その印の延長線上にあるタイヤ溝に周囲よりわずかに高い部分が摩耗により表面に出て、溝を分断していたら交換時期だ

03 空気圧を点検するため、バルブのキャップを外す。空気圧は走行前、タイヤが冷えた状態で実施する

04 空気圧計で空気圧を測る。指定値は200kPa。1ヶ月に1度程度は点検を行ないたい

リア

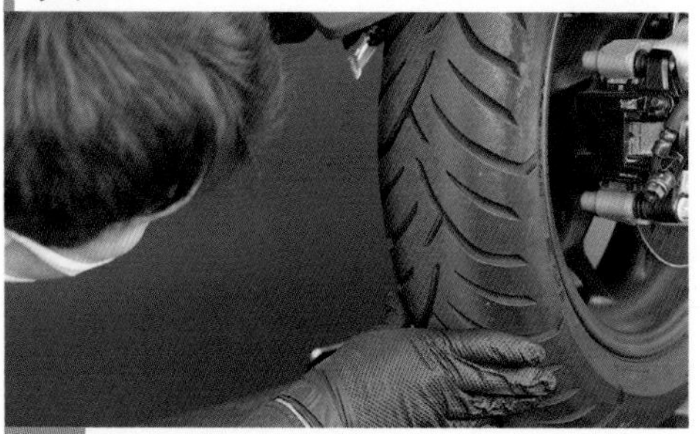

01 リアもまず接地面や側面にひび割れ、異物刺さり等の異常がないかを点検する

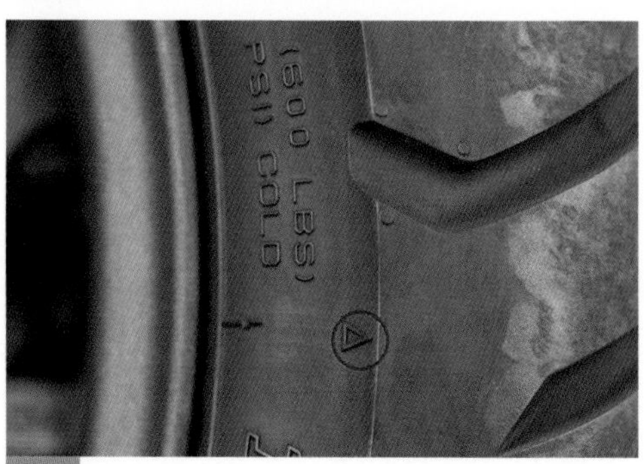

02 ウェアインジケーターを示す印は、フロント同様タイヤ側面にある

03 タイヤのデザインの関係もあり、あまり摩耗していない状態だとウェアインジケーターの位置は分かりづらい。逆に言えば分かりづらい状態なら溝が充分にあると判断できる

04 空気圧点検のためバルブのキャップを外す。バルブ根元のゴム部分に亀裂がないかも見ておきたい

05 リアの空気圧は1人乗りなら200kPaで2人乗りなら250kPaが指定値となる

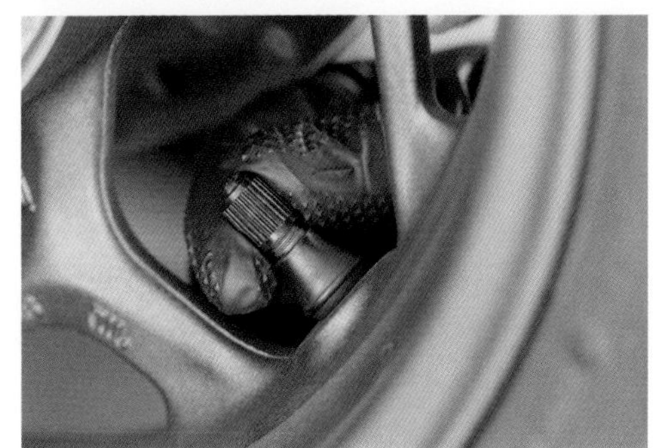

06 バルブ先端にあるムシ（突起）を保護するため、点検後は必ずキャップを取り付けておくこと

ブレーキの点検

ブレーキが正常動作することは走行する上での大前提。当然、走行する前には必ず点検すること。それに加え1ヶ月に1度程度はフルードとパッドの点検もしておこう。

フロント

01 ハンドル右側に取り付けられたブレーキレバーを握り、しっかりした握り心地があるかを点検する

02 レバー根元にあるタンクには点検窓がある。中の液面がLWPの文字の下にある線より上ならOK

03 液面が低い場合、フルードが漏れていないかチェック。漏れがないならパッド摩耗が疑われるので点検していく。点検はブレーキキャリパー下面から行なう

ライトで照らしながらブレーキパッドの鉄板とブレーキディスク間にある摩擦材側面を点検。矢印で示した溝がディスクに接するまで減っていたら寿命だ。また左右で消耗具合に違いがあると異常が疑われるのでショップに診てもらおう

04

リア

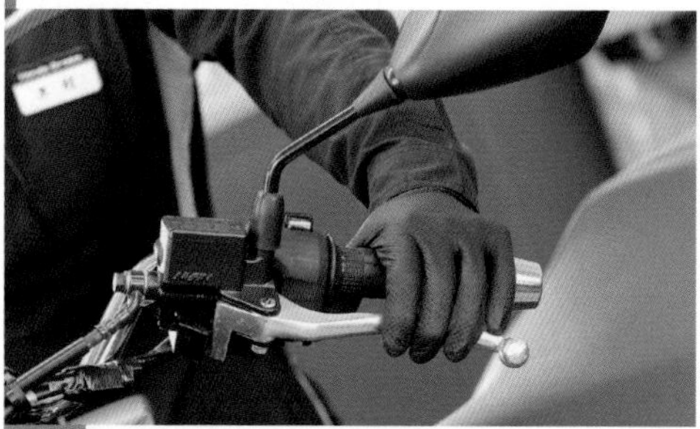

01 リアは左側のブレーキレバーを握り、一定位置で固くなって止まることを確認する

02 ブレーキフルードを溜めるリザーバータンクの点検窓から液面の高さをチェックする

03 パッドの残量をフロントと同じ手順で点検する。フロントに比べると実施しやすい

灯火類の点検

LED採用により点かなくなる頻度は少なくなったが、壊れないというわけではない。安全上重要なので乗車前に点検しておく。

01 まずヘッドライト。メインスイッチをONにし、ライトスイッチに合わせロー（写真左）、ハイ（写真右）の状態になることを確認する

02 ウインカースイッチを操作し、右、左が前後とも点滅するかを点検する。またハザードスイッチを操作した時に、前後左右すべてのウインカーが同調して点滅するかもチェックしておこう

03 テールランプはまずメインスイッチONでポジションライトが点灯するかを見る

04 左右ブレーキレバー操作時にブレーキランプが点灯するかを、手をかざしたり壁に反射させチェックする

エンジンオイルの点検

エンジンオイルは初回1,000kmまたは1ヶ月、以後6,000kmまたは1年ごとの交換が指定される。また1ヶ月に1度程度は量を点検し、不足していたら補充する。

01 エンジンが冷えているなら3～5分のアイドリング後、エンジンを止め2～3分待って点検を開始する

02 平らなところでメインスタンドを立て、オイルレベルゲージを反時計回りに回して抜き取る

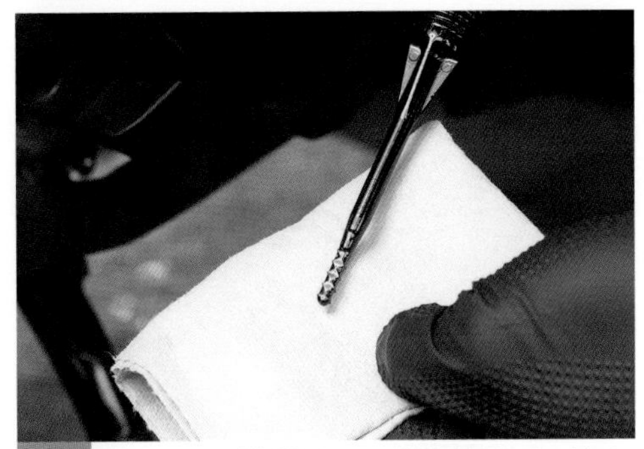

03 レベルゲージ先端には網目模様があり、そのどこにオイルが付着しているかで量を判断する

点検はレベルゲージを抜いた段階ではできない。まずウエス等で先端に付いたオイルを拭き取る

04

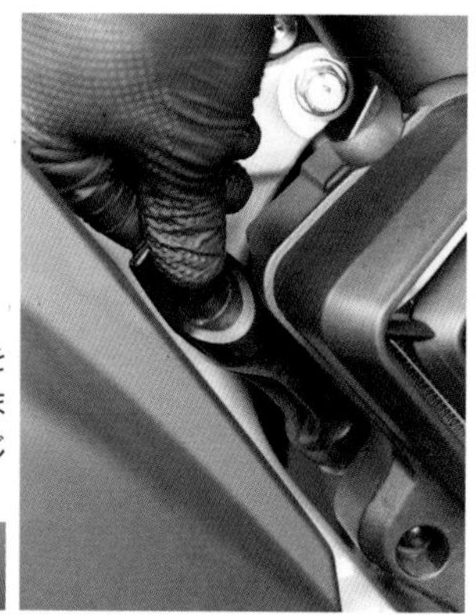

05 オイルレベルゲージをエンジンに戻す。止まるまで差したら、ねじ込まずに引き抜く

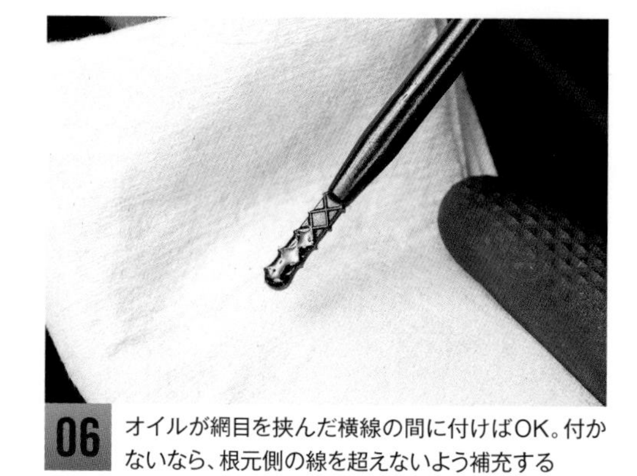

06 オイルが網目を挟んだ横線の間に付けばOK。付かないなら、根元側の線を超えないよう補充する

冷却水の点検

冷却水はラジエターにより冷やされるが、その過程で一部がリザーバータンクを行き来することがある。そのリザーバータンク内の量を点検する。

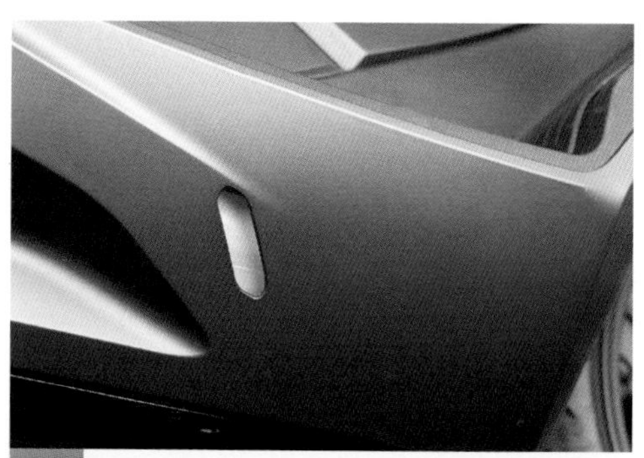

01 車体右側、ステップボード下に点検用の窓がある。点検は1ヶ月に1度程度はしておきたい

02 平らな場所でメインスタンドを立てた状態で点検する。UPPERとLOWERの線の間にあれば良いが、LOWER以下なら補充する。減りが著しい場合や全く無い場合はショップに相談しよう

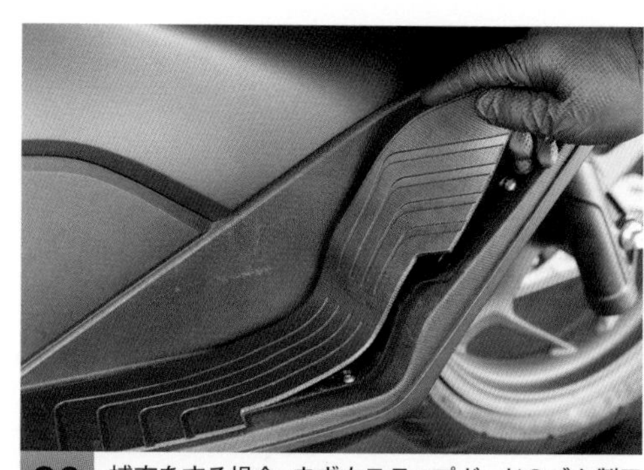

03 補充をする場合、まず右ステップボードのゴム製フロアマットを上に引いて取り外す

04 フロアマットを外すと、写真のような点検用リッドが見えるようになる

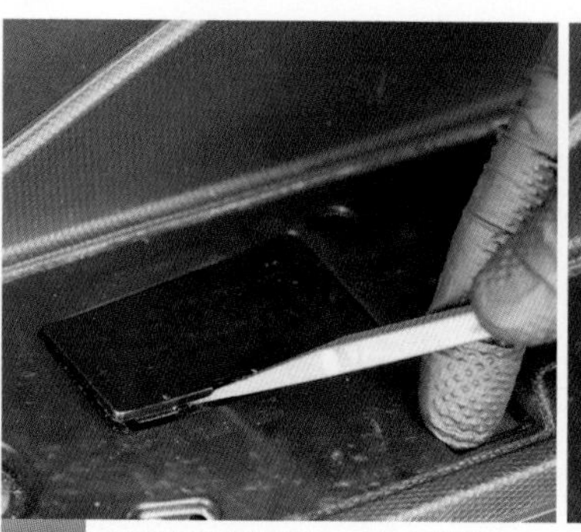

05 自動車用内装外しのような樹脂製で平らなものをリッドの隙間に入れてこじると、リッドを外すことができる

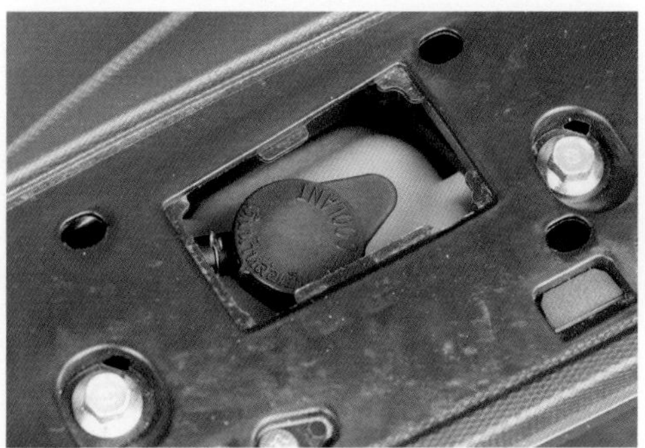

06 リッドを外すとリザーバータンク上面が姿を現すので、そのゴム製キャップを外す

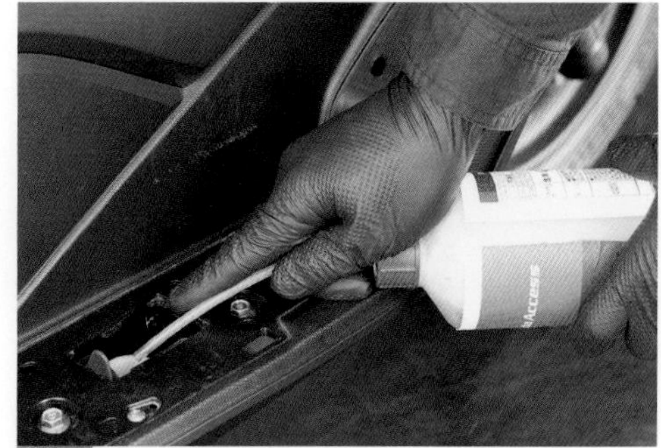

07 ホンダ純正ラジエーター液を適切な濃度に薄めたものを、UPPER線を超えない程度補充する

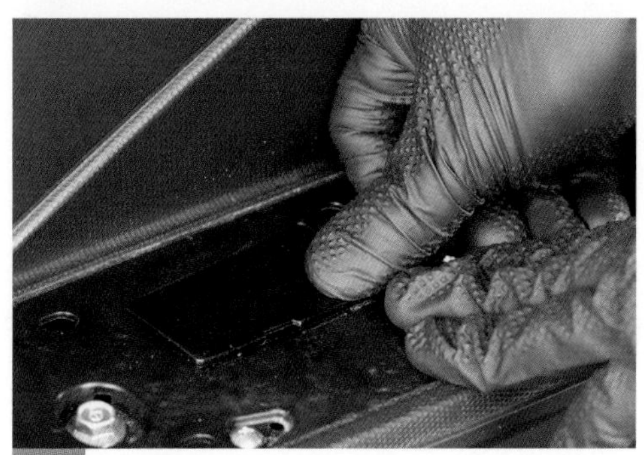

08 ゴムキャップを付けたら、車体中央側から爪を噛み合わせるようにしてリッドを取り付ける

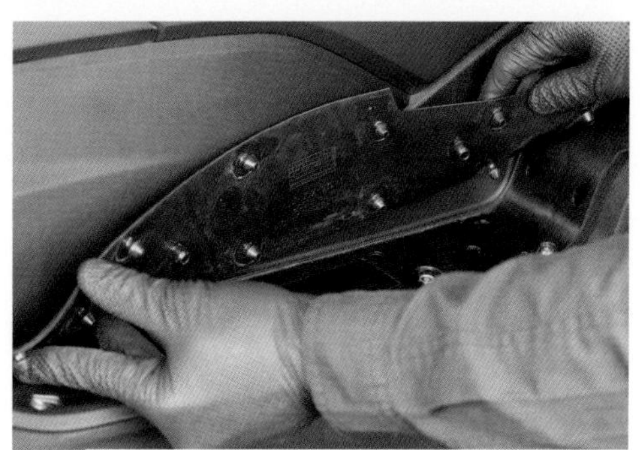

09 突起を穴に差しつつ、フロアと密着するようにフロアマットを取り付けたら補充作業完了だ

バッテリーの点検

エンジンを掛けようとしてスターターボタンを押してもセルモーターの回りが弱い。そんな時はバッテリーの充電状態を点検しよう。点検にはマルチテスターが必要だ。

01 バッテリーにアクセスするためにはシートを開ける必要がある

02 トランクの前方、シートヒンジ下にバッテリーカバーがある

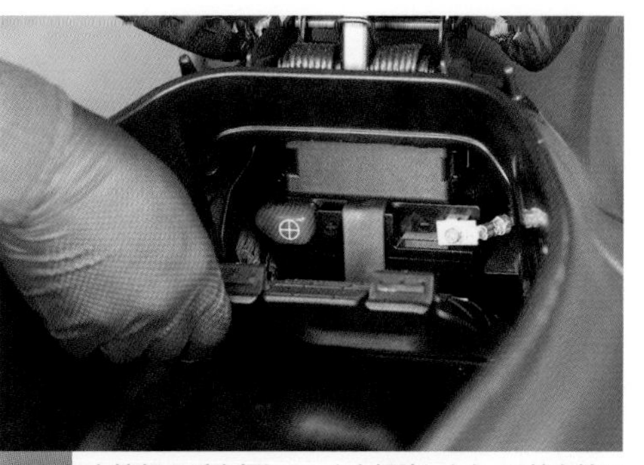

03 上端部の爪を押しロックを解除したら、下端を軸に開くようにしてバッテリーカバーを外す

04 これがバッテリー。点検をするため赤いカバーを外しプラスの端子を露出させる

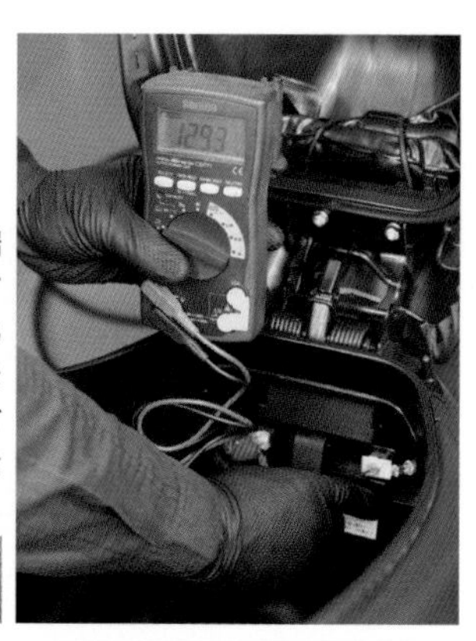

05 プラスとマイナスの端子間の電圧を測定する。12.8V未満であれば充電して様子を見る。充電してもすぐ電圧が降下するようなら寿命といえる

緊急時のシートの開け方

バッテリーがダメになると、メインスイッチによりシートのロックが解除できなくなる。そんな時に手動でシートのロックを解除する方法を解説しておきたい。

01 手動でロックを解除する場合は、メインスイッチ横のメンテナンスリッドを開ける

02 穴に指を入れ左に引いて爪を外した後、手前に引くとメンテナンスリッドを外すことができる

03 写真はエマージェンシーキーを差し込むスロットだ。特に矢印部の溝に注目してほしい

04 こちらはエマージェンシーキー。矢印部分にある丸い突起をスロットの溝に合わせてセットする。言い換えれば六角部分のみを合わせてもキーをスロットに入れることはできない

エマージェンシーキーを下に回せばロックが外せる。解除後はキーを上に回しスロットを元の位置に戻しておかないとシートロックが掛からなくなるので覚えておこう

05

06 メンテナンスリッドは車体前方側を噛み合わせた後、横に押し手前側の爪を噛み合わせて取り付ける

ヒューズの点検

メインスイッチを操作しても何も動かないのはバッテリー不良だが、特定の電装部品が動かないならヒューズを疑う。直してもすぐ駄目になるならショップに相談すること。

01 ヒューズはバッテリー上にある。爪を押してロックを解除し、ヒューズボックスカバーを外す

02 赤、緑、青の長方形の部品がヒューズだ。ショート等があると切れ、火災等の重大な事態を防ぐ

03 ヒューズボックスカバー裏面にはどのヒューズがどの電装用かの図とスペアヒューズ、工具がある

04 ヒューズは小さく手で抜きづらい。交換時は付属工具で掴んで引き抜き、取付時は止まるまで押し込む

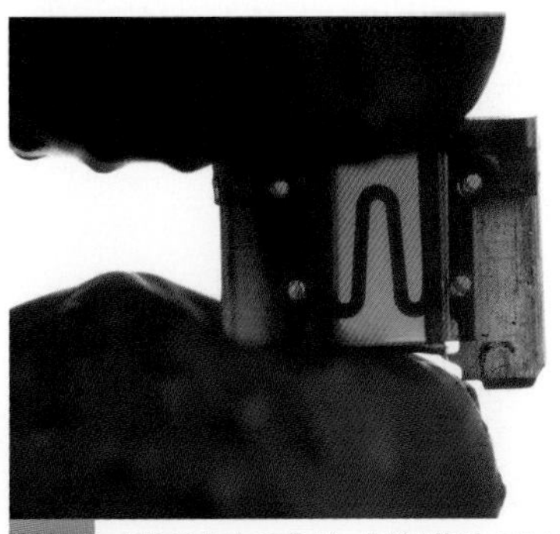

05 点検は中央の曲がった線が切れていないかを見る。左右の柱の近くで切れることもあるので注意

ブリーザードレーンの清掃

ブリーザードレーンはエアクリーナーボックスに付けられているパーツで、油分や水分が混じったものが堆積する。そのため１年に１度の清掃が指定されている。

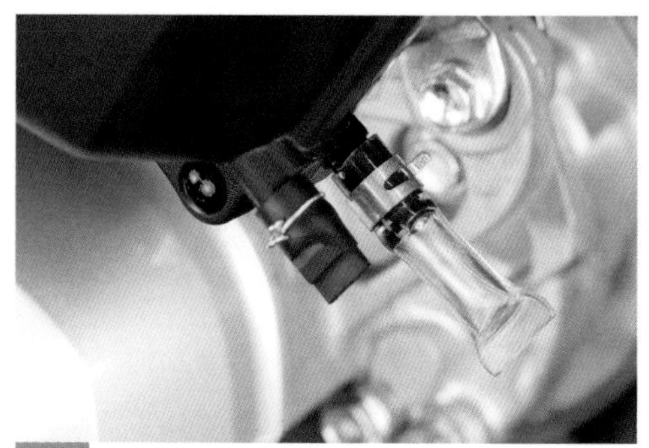

01 先端が潰された透明なチューブがブリーザードレーン。透明なので堆積具合が目視できる

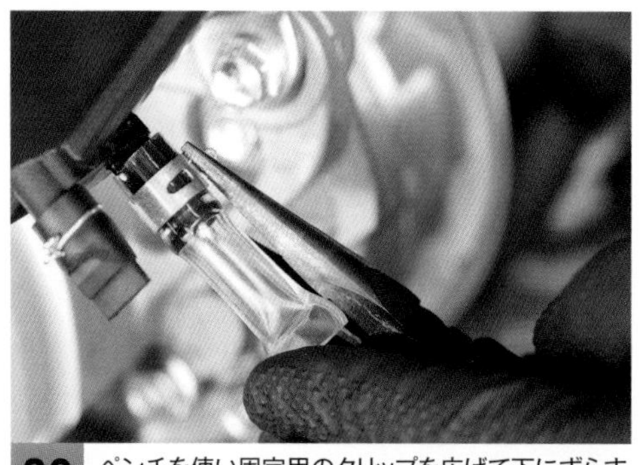

02 ペンチを使い固定用のクリップを広げて下にずらす

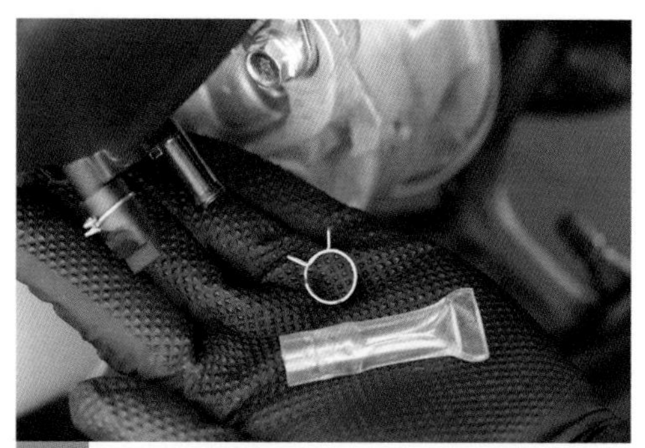

03 下に受け皿を用意しつつブリーザードレーンを外し、堆積物を出したら元に戻す

駆動系の点検

オーナーズマニュアルでは点検項目としてあるトランスミッションオイル。初心者では実施しにくい面があるのでホンダドリーム戸田美女木おすすめの点検方法を紹介する。

01 トランスミッションオイルの点検は印のボルトを外して行ない、都度新品シールワッシャが必要となる

02 代わりにおすすめするのがメインスタンドを立てリアホイールを回す点検。ゴロゴロ、ガラガラ音がするならショップに持ち込もう。またオイル漏れがないかも見ておこう

Special thanks

Honda Dream 戸田美女木

埼玉県戸田市美女木3-20-14

Tel.048-422-4500　URL https://www.dream-todabijogi.jp

営業時間 10:00～19:00　定休日 水曜、第2･第4火曜

圧倒的な数のレンタルバイクを誇る大型ショップ

首都高速埼玉大宮線と東京外環自動車道との交点である美女木ジャンクション至近、新大宮バイパス沿いというアクセス抜群の位置に店舗を構えるHonda Dream戸田美女木。Honda Dream店らしく大型車を中心に豊富な展示車両を持ち、充実したピットと優秀なスタッフにより充実のサービスを実現している。ピットサービス中の待機も可能な別棟もあり、ここはレンタルバイクの拠点となっている。その別棟はちょっとしたバイクショップレベルの大きさで保有する台数は全国屈指。ツーリング等ショップ独自イベントも豊富で、バイクライフを強力にサポートしてくれる。

こちらが先に触れたレンタルバイク用の別棟、Honda GO バイクレンタル クラブハウス。ウッドデッキのオープンスペースや無料のコーヒーサーバーを備える。建物裏手にはアーティスト KATHMI氏による魅力的なウォールアートが描かれ、愛車と共に写真を撮ることができる映えスポットとなっている

木村優太 氏

作業を担当していただいたサービスの木村氏。全国を走り回る大のツーリング好きだ

滝本正吾 氏

Honda Dream 戸田美女木で店長を務める滝本氏。2024年春に就任したばかりとのこと

PCX CUSTOM PICKUP

PCX カスタムピックアップ

カスタムの参考になる、パーツメーカーが作り上げたデモバイクを紹介していこう。

写真＝鶴身 健 / 清水良太郎 *Photographed by Takeshi Tsurumi / Ryota-RAW Shimizu*

スペシャルパーツ武川 http://www.takegawa.co.jp

性能と機能性をバランスよく引き上げる

ホンダの小排気量車を中心に各種パーツを展開するスペシャルパーツ武川が作り上げたこの車両。各パーツの取り付け工程はカスタムメイキングのコーナーで解説している。改めて車両を見てみると、使い勝手を向上させるハンドルガードやLEDフォグランプ、走行性能をアップさせるマフラーに駆動系パーツ、ローダウンリアサスペンション等々、実用性と走行性能をバランスよくアップできる構成となっている。これが誰でも再現できるのだから、ユーザーとしてはありがたい。

1. スマホホルダーに代表されるアクセサリー装着に便利なハンドルガード 2. ハンドル周りに上質さをプラスしてくれるステンレスバーエンドを装着 3. 濃い霧や激しい雨、夜間における安全走行に寄与するLEDフォグランプをカウル部分にマウント。車体、配線とも無加工で取り付けることができるのがポイントだ。明るさは充分で、サイズ以上の存在感を発揮する

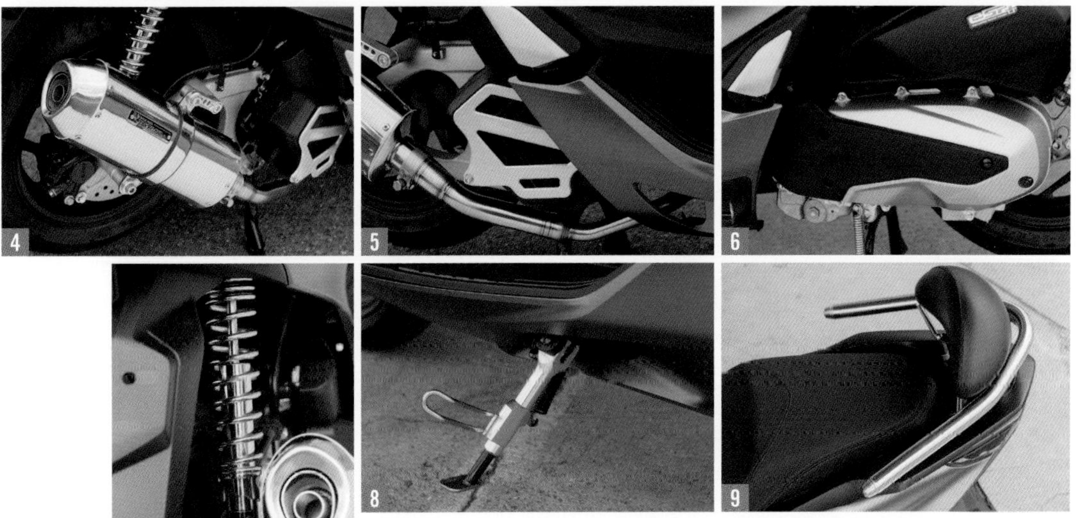

4. 排気効率がアップするだけでなく、歯切れの良い音質で排気音を楽しめるコーンオーバルマフラー。サイレンサー、エキゾーストパイプともに耐食性に優れたステンレス製で、サイレンサー内部も特殊構造とすることで耐久性を確保している　5. アルミ製のラジエターコアガードでエンジンをドレスアップ　6. オリジナルのローラーウエイト、クラッチセンタースプリングで駆動系をセッティング　7. リアサスはシート高で約20mmダウンするローダウンリアショックアブソーバーをセット。減衰力特性も向上するため安定した走行を楽しめる　8. ローダウンサスに合わせてアジャスタブルサイドスタンドを取り付け　9. 快適性アップとデザインにこだわったというステンレス製グラブバーとパッセンジャーをサポートするバックレストのセットを取り付け。特にリアビューにおけるカスタム感を大いにアップしてくれる効果もある

キタコ　https://www.kitaco.co.jp

ドレスアップしつつ使い勝手を向上

キタコが作り上げたこのPCXは、ハンドル周りを中心にカスタマイズを実行。ライディング中は常に目に入り、操作系も集中しているだけにその効果を大いに体感できる。細かく見ると削り出しパーツをマスターシリンダー、ハンドルクランプ、グリップエンドに投入。更にハンドルブレース追加で仕上げている。車体はアルミステップボード、リアサスペンション、バックレストの装着でセットアップ。ドレスアップされた姿を楽しみつつ使い勝手の向上を実感できるカスタムができあがっている。

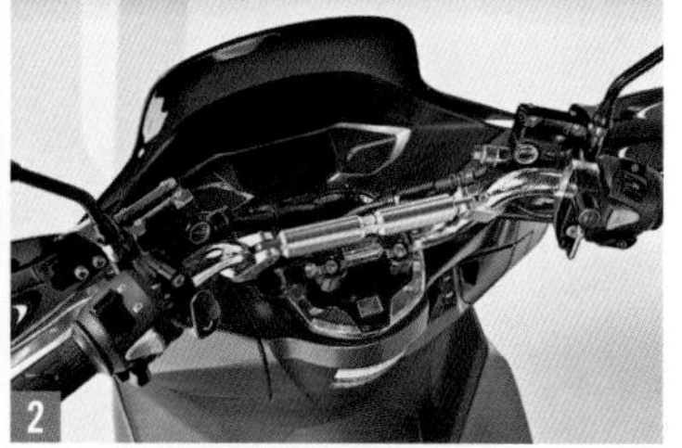

1. オリジナルのナックルカバー、バーエンドキャップでグリップ周りをまとめる　2. ハンドルの剛性を高めよりダイレクトなハンドリングを実現するハンドルブレース。ハンドルクランプタイプのアクセサリーが取り付けできる　3. ブレーキマスターシリンダーにヘルメットロックを追加し、よりスピーディにヘルメットをロックできるようにしている

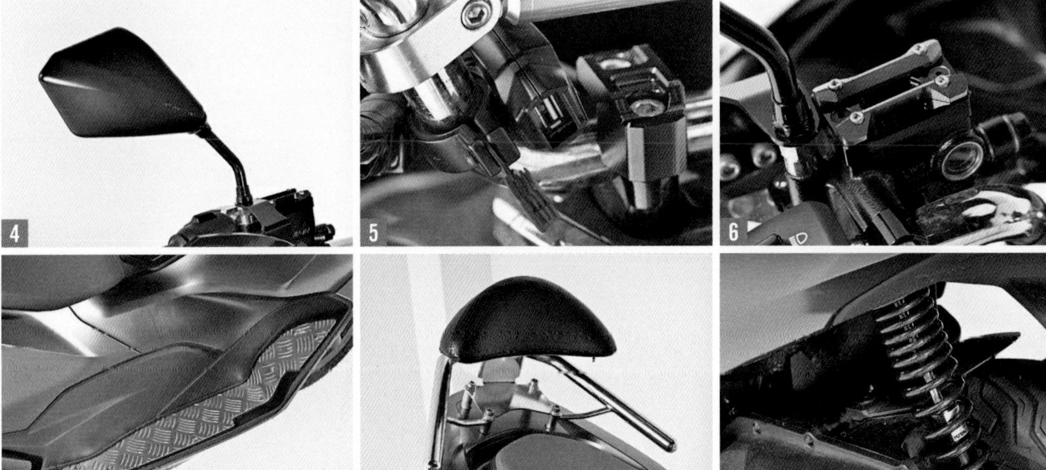

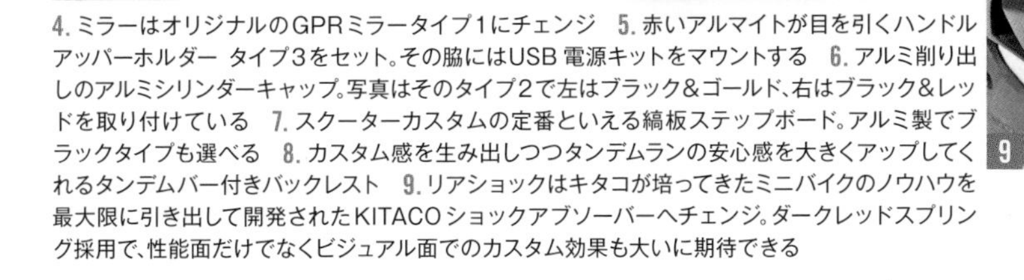

4. ミラーはオリジナルのGPRミラータイプ1にチェンジ　5. 赤いアルマイトが目を引くハンドルアッパーホルダー タイプ3をセット。その脇にはUSB 電源キットをマウントする　6. アルミ削り出しのアルミシリンダーキャップ。写真はそのタイプ2で左はブラック&ゴールド、右はブラック&レッドを取り付けている　7. スクーターカスタムの定番といえる縞板ステップボード。アルミ製でブラックタイプも選べる　8. カスタム感を生み出しつつタンデムランの安心感を大きくアップしてくれるタンデムバー付きバックレスト　9. リアショックはキタコが培ってきたミニバイクのノウハウを最大限に引き出して開発されたKITACOショックアブソーバーへチェンジ。ダークレッドスプリング採用で、性能面だけでなくビジュアル面でのカスタム効果も大いに期待できる

WARNING 警告

- この本は、習熟者の知識や作業、技術をもとに、編集時に読者に役立つと判断した内容を記事として再構成し掲載しています。そのため、あらゆる人が作業を成功させることを保証するものではありません。よって、出版する当社、株式会社スタジオ タック クリエイティブ、および取材先各社では作業の結果や安全性を一切保証できません。また作業により、物的損害や傷害の可能性があります。その作業上において発生した物的損害や傷害について、当社では一切の責任を負いかねます。すべての作業におけるリスクは、作業を行なうご本人に負っていただくことになりますので、充分にご注意ください。
- 使用する物に改変を加えたり、使用説明書等と異なる使い方をした場合には不具合が生じ、事故等の原因になることも考えられます。メーカーが推奨していない使用方法を行なった場合、保証やPL法の対象外になります。

PCX
CUSTOM MAKING
PCX カスタムメイキング

愛車を自らの手でカスタムするというのは、バイクの楽しみの1つ。本コーナーはそんなセルフカスタムの参考になる、人気カスタムパーツをプロが取り付ける工程を、豊富な写真で説明していく。必要な工具を備えた上でチャレンジしよう。

写真=清水良太郎 Photographed by Ryota-RAW Shimizu
取材協力=スペシャルパーツ武川 http://www.takegawa.co.jp/ Tel.0721-25-1357

Special thanks

スペシャルパーツ武川
神下優作 氏

スペシャルパーツ武川にて製品のテストや各種組付けサービスの実施等を担当する期待の若手スタッフ。四輪の旧車にも造詣が深く、愛車はクラシックミニとのこと

SP武川のアイテムでトータルカスタム

走行性能、スタイル、実用性を同時にアップデートする

ミニバイク系を中心に、多数のカスタムパーツを展開するSP武川ことスペシャルパーツ武川。その品質の高さはホンダの純正アクセサリーとしても採用されていることからも伺い知れる。当コーナーではここで紹介する車両に仕上げていくための、SP武川の魅力的なアイテムを装着する工程を解説していく。

装着アイテムリスト

- コーンオーバルマフラー
- アジャスタブルサイドスタンド
- ローダウンリアショック
- バーエンド(ノーマルハンドル用)
- ラジエターコアガード
- ハンドルガード
- ステンレス製グラブバー(ラージバックレスト付き)
- パワーフィルター(純正エレメント交換タイプ)
- ウエイトローラー
- クラッチセンタースプリング
- LEDフォグランプキット3.0

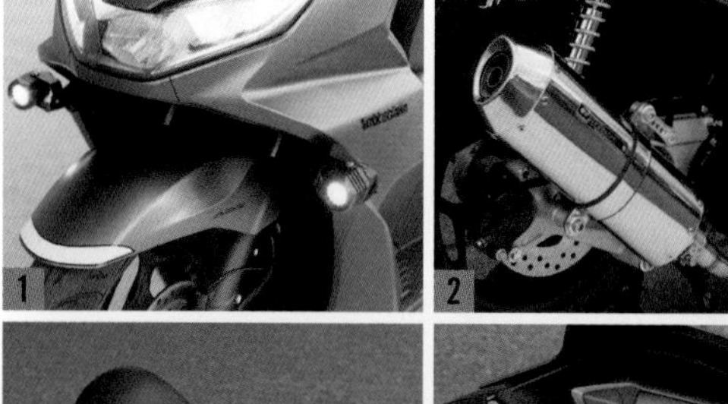

1. 視覚的ワンポイントを生み出しつつ荒天時や夜の走行をより快適にしてくれるLEDフォグランプ3.0　2. カスタムの定番であるマフラー。コーンオーバルマフラーは高性能かつジェントルなサウンドが特徴だ。今回はウエイトローラー等の駆動系もカスタムしていく　3. タンデムの快適性をアップしてくれるステンレス製グラブバー。バックレスト付きでスタイルアップ効果も高い　4. 定番のスマートフォンホルダー等の取り付けに便利なハンドルガード。簡単取り付けながら実用性を大きくアップできるアイテムだ

マフラーの交換

サウンド、ルックス、性能と様々な変化を味わえるカスタムの王道、マフラーの交換をしていこう。

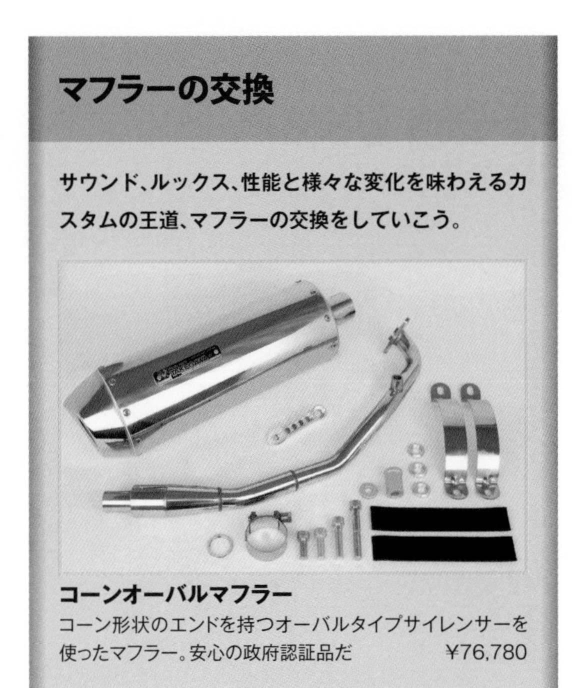

コーンオーバルマフラー
コーン形状のエンドを持つオーバルタイプサイレンサーを使ったマフラー。安心の政府認証品だ　¥76,780

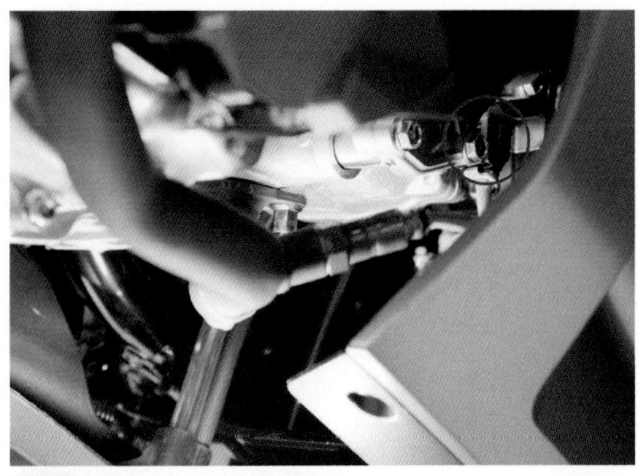

01 純正マフラーに取り付けられたO2センサー。その配線の丸印位置にあるカプラを外す

CHECK

カプラは矢印で示した爪を押し下げるとロックが外れ、分離することができる

マフラーフランジの固定ナット2個を10mmレンチで外す。事前にフロアサイドカバーを外しておくと作業しやすい（p.72参照）

02

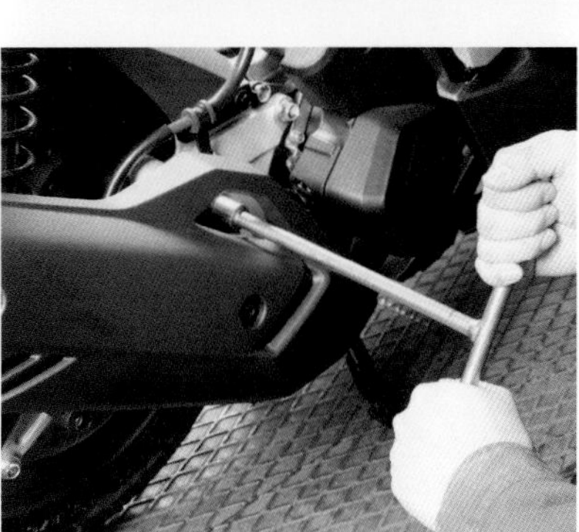

サイレンサー上部を固定しているボルトを14mmレンチで緩める

03

マフラー下部を固定しているボルト2本を14mmレンチで緩めたら、マフラーを支えつつ固定ボルト3本を抜き取る

04

05 車体との干渉に気を付けながらマフラーを取り外す

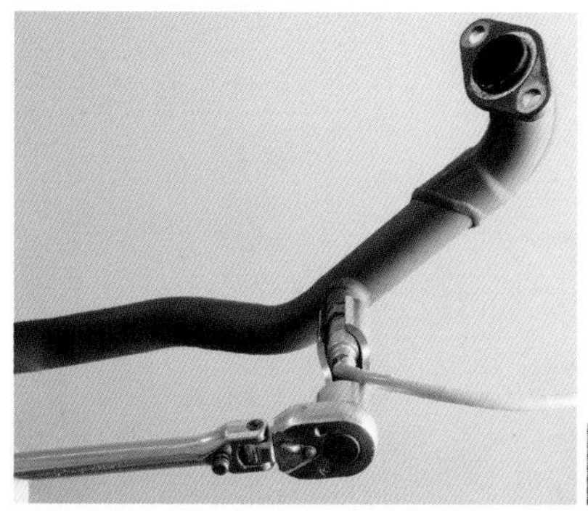

外した純正マフラーに取り付けられたO_2センサーを17mmサイズのセンサーソケット(SP武川品番:08-02-0036)で取り外す

06

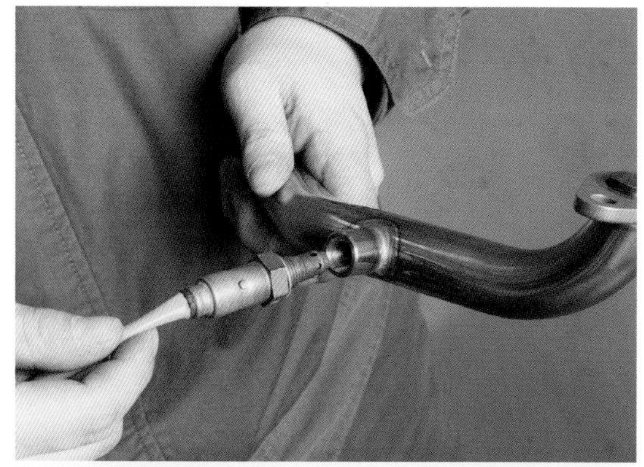

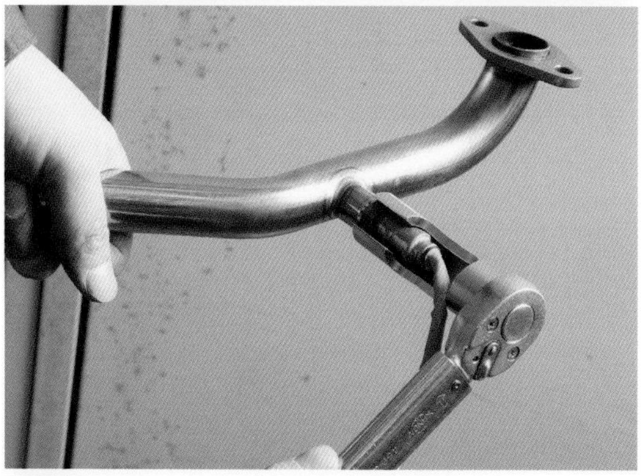

07 外したセンサーを武川製マフラーのエキパイに取り付け(焼付き防止剤塗布推奨)24.5N･mのトルクで締め付ける

エキパイの先端に新品のエキゾーストガスケットをセットする(エンジンに古いものが残っている場合は取り外す)

08

エキパイをエンジンにセットし、純正ナットを使い仮留めする

09

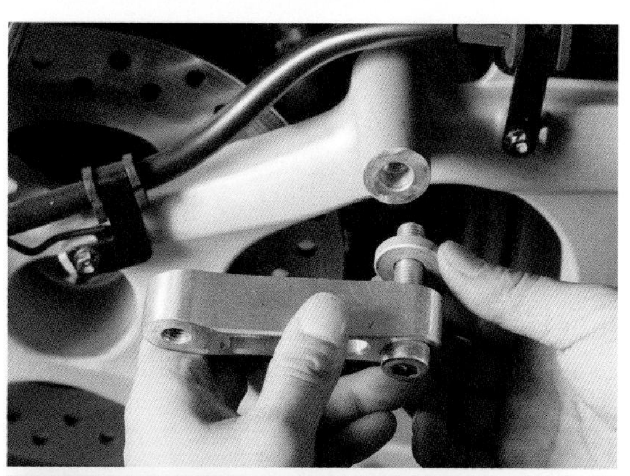

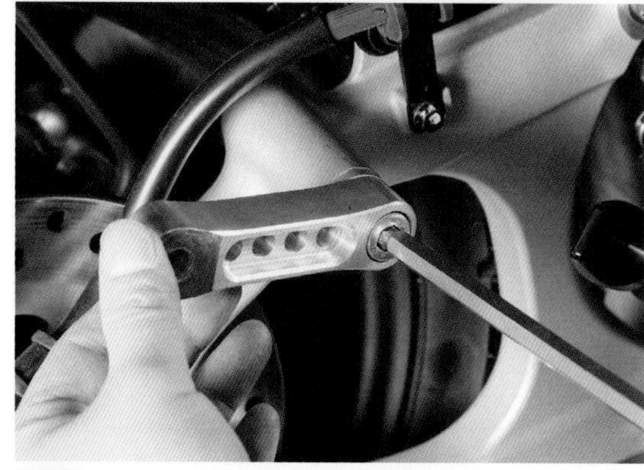

10 付属のステーに同じく付属のボルト、カラーを上写真のようにセットし、上側のマフラーマウント穴に仮留めする

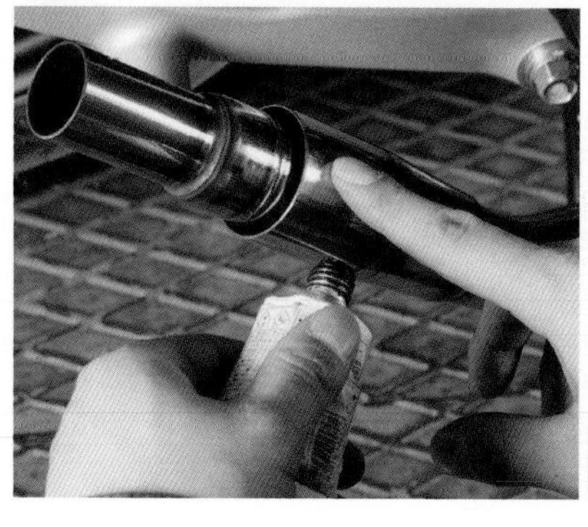

エキパイのサイレンサー接続部に耐熱液体ガスケット(スリーボンド1207B相当品)を塗布し漏れ止めをする

11

サイレンサーの先端にバンドを付け、エキゾーストパイプを差し込む

12

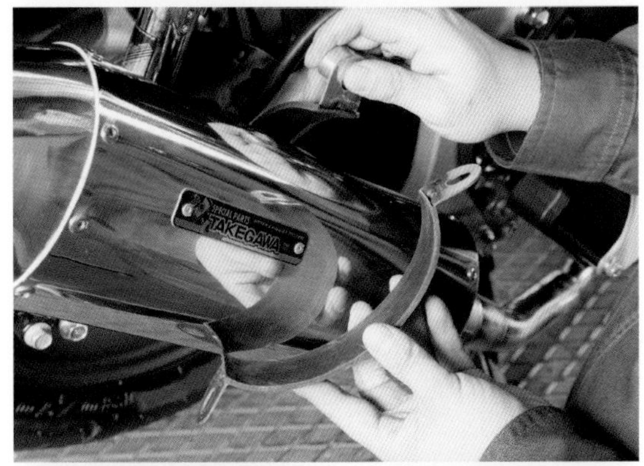

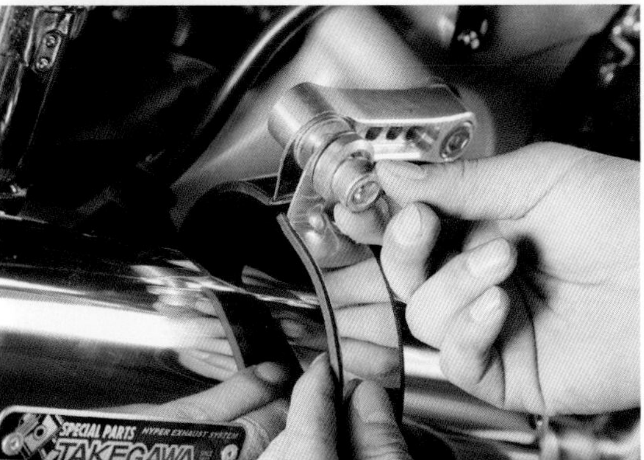

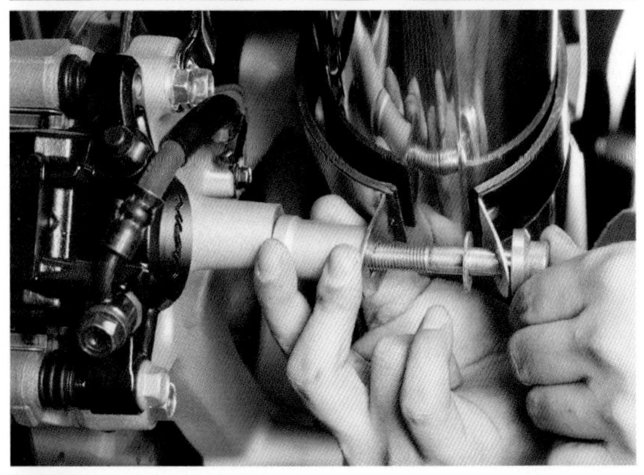

13 バンドラバーをセットしたバンドでサイレンサーを挟み（間にワッシャを入れる）、カラーを用いて仮留めする

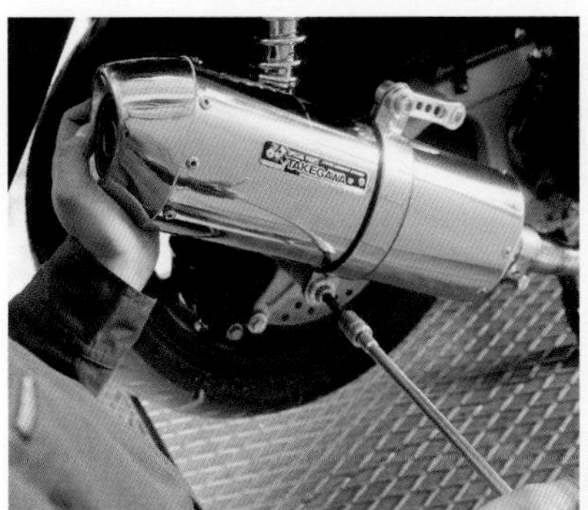

組み付け具合に無理がないよう各部品の角度を調整後、バンドがサイレンサーから浮かない程度に固定ボルトを8mmヘキサゴンレンチで締める

14

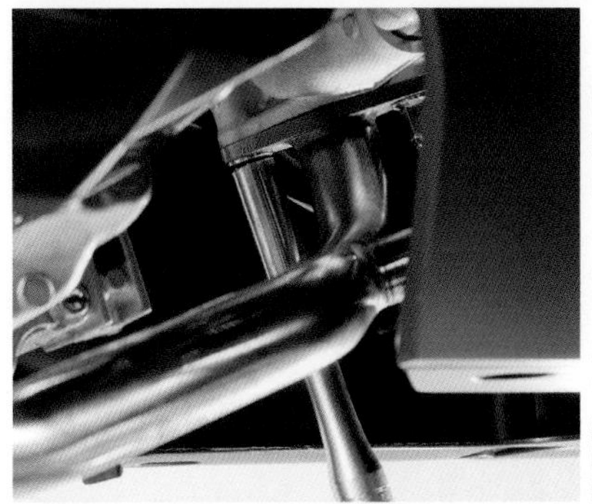

改めて各部に無理がかかっていないことを確認したら本締めする。まずフランジ部のナットを29N·mのトルクで締める

15

ステーの固定ボルトを49N·mのトルクで締め付ける

16

17 サイレンサーバンドボルトの締め付けトルクは上下で異なるので注意。写真の下側は49N·m

残った上側の締め付けトルクは39N·mとなる

18

サイレンサーをエキパイに留めるバンドを13mmレンチを使い15N·mのトルクで締める

19

20 車体の下側前方のマフラーマウント部にキット付属のボルト（カラーを組み合わせること）を緩まないよう取り付ける

21 O_2センサーのカプラを接続し、作業時に付いた手脂をウエス等で掃除したら完成となる

グラブバーの取り付け

タンデム時に便利で荷物の積載にも役立つグラブバーを取り付ける。車体側の加工が必要だ。

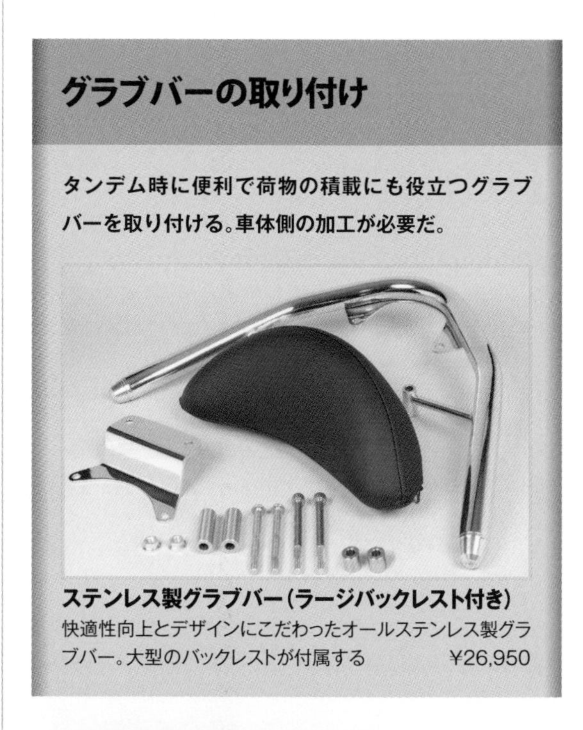

ステンレス製グラブバー（ラージバックレスト付き）
快適性向上とデザインにこだわったオールステンレス製グラブバー。大型のバックレストが付属する　¥26,950

01 グラブバー取り付け用の穴を空ける加工をしていく（撮影の都合で現車は加工済み）。まずシートを開ける

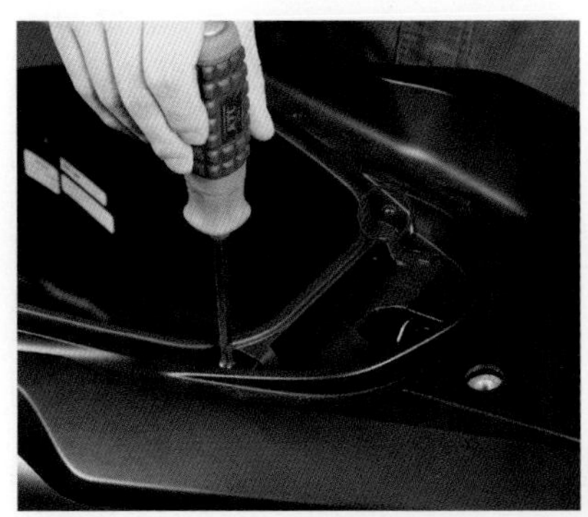

シートキャッチ近くにあるプラスビス2本を取り外す

02

03 車用内装外しを使って爪の噛み合わせを解除し、樹脂製のグラブレールカバーを外す

CHECK

グラブレールカバーは前側先端に下向きの青い爪があり（上写真）、側面に複数の爪がある（下写真）。青い爪は特に噛み合いが固いが、他を含め無理にこじると爪が折れてしまうので注意して外していこう

グラブレールカバーを外したら裏返し、プラスビス1本を外しグラブレールカバーリッドを取り外す

04

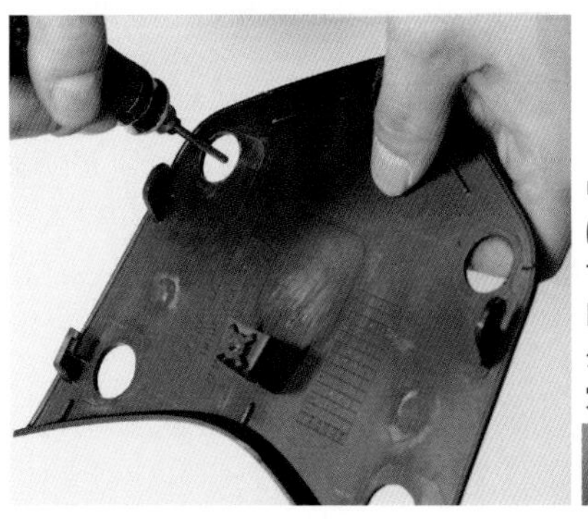

リッドの裏面には丸印があるので、その内側をドリルやリューターでくり抜き、穴を空ける

05

06 穴空け加工が終わったリッドを表面から見たもの。問題なければグラブレールカバーに取り付ける

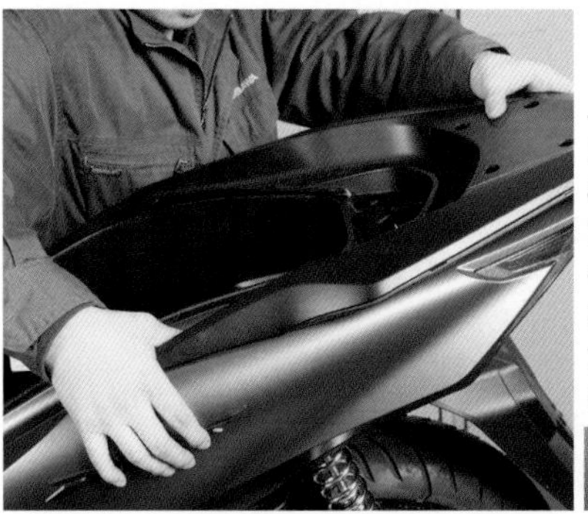

上から押し付けしっかり爪を噛み合わせてグラブレールカバーを取り付けたら、02で外したプラスビスを付けて固定する

07

リッドの穴にキット付属のカラーを差し込む。長い2つは後ろ用となる

08

固定用ボルトを近くに用意しつつカラーの上にグラブバーをセットする

09

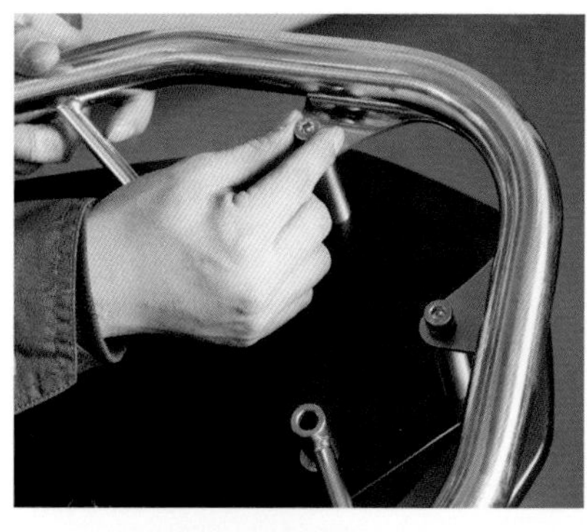

80mm長で先端が円柱になったヘキサゴンボルトをグラブバー後ろ側の穴に通し軽くねじ込んでおく

10

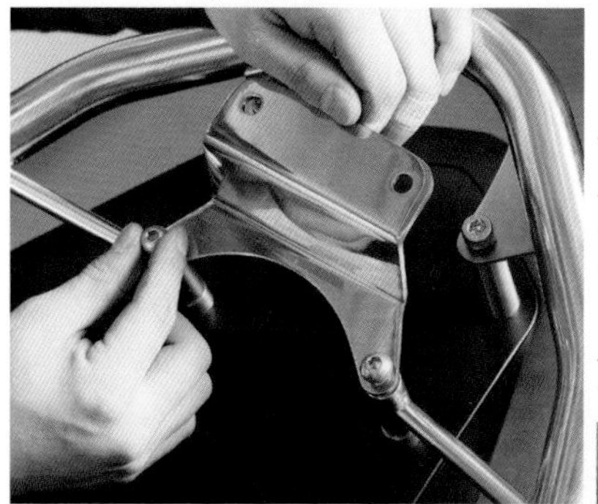

前側はグラブバーの上にバックレストステーを載せ、頭の丸い70mm長のボルトを仮留めする

11

6mmヘキサゴンレンチを使い、グラブバー固定ボルト4本を22N·mのトルクで締める

12

13 11で取り付けたステーにバックレストをセットする

14 ステーを貫通したスタッドボルトにフランジナットを取り付け、12mmレンチを使い12N·mのトルクで締め付ける

15 各固定ボルト等に締め忘れがないか確認し、問題がなければ作業終了だ

ローダウンサスの取り付け

ローダウンサスへの交換手順を解説する。多くの外装の脱着が必要で意外に大変な工程となる。

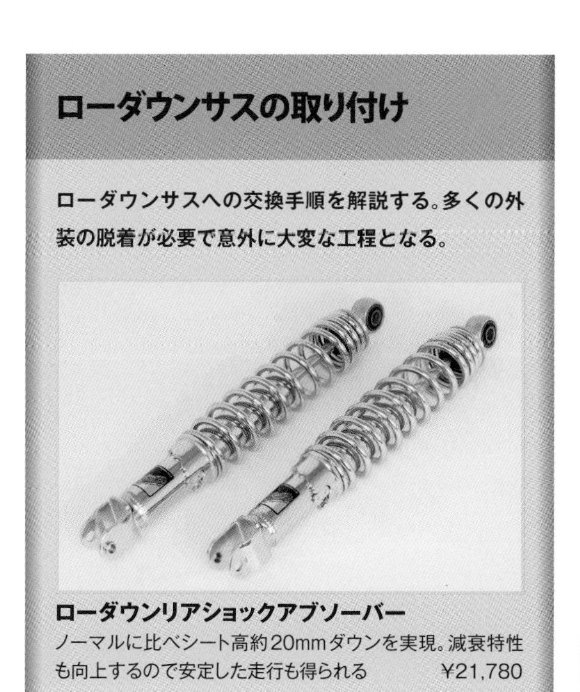

ローダウンリアショックアブソーバー
ノーマルに比べシート高約20mmダウンを実現。減衰特性も向上するので安定した走行も得られる　¥21,780

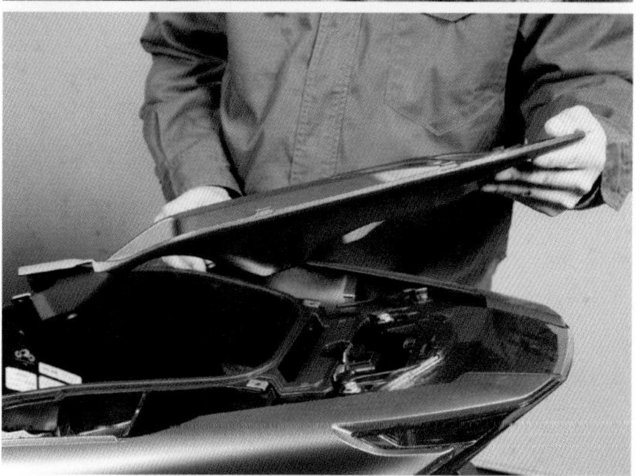

01 p.64～を参考にグラブレールカバーを外したら、プラスビス2本、ボルト(12mm レンチ)4本を抜きグラブレールを外す

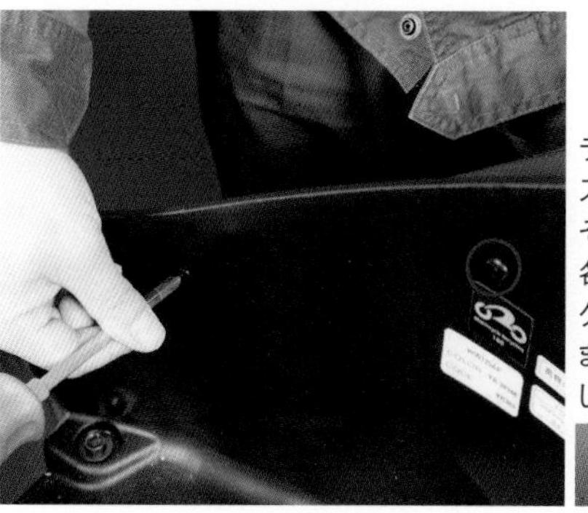

ラゲッジボックスを外すため、その側面、左右各2個あるトリムクリップを外す。まず中央部を押して凹ませる

02

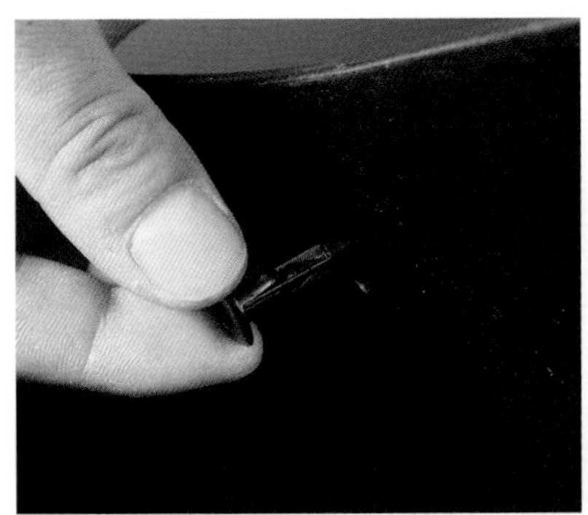

中央を凹ませるとロックが外れ抜くことができる。取付時は逆側から押し中央が飛び出た状態としたらボックスに差し、飛び出た部分を押して平らにする

03

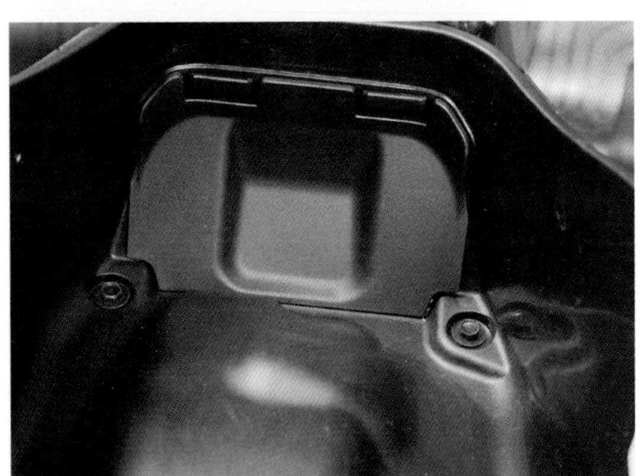

04 次にボックス先端にあるバッテリーカバーを取り外す

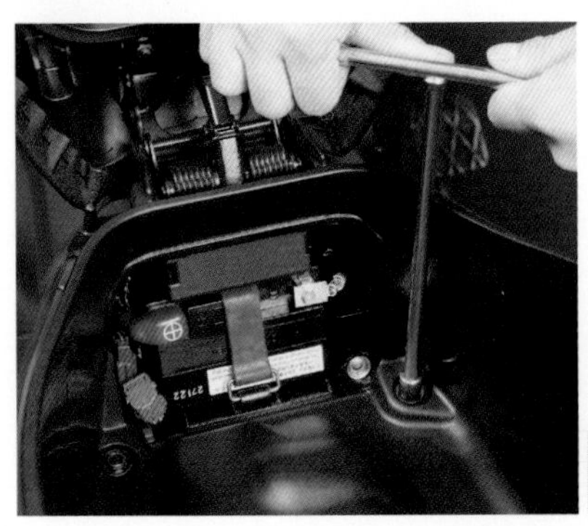

カバー取付部下端の左右にあるボルトを、10mmレンチで取り外す

05

バッテリー上側両角近くにある黒いボルト2本と、バッテリーの右下にある銀色のボルトを10mmレンチで外す

06

06で外したボルトがこちら。色だけでなく長さと形状も違うので取付時は注意したい

07

08 ラゲッジボックスは中央付近にボディカバーと噛み合う爪がある。これを左右とも分離しておく

09 バッテリーを固定するバンドを、下側の爪から外してフリーにしておく

シートごとラゲッジボックスを車体から取り外す

10

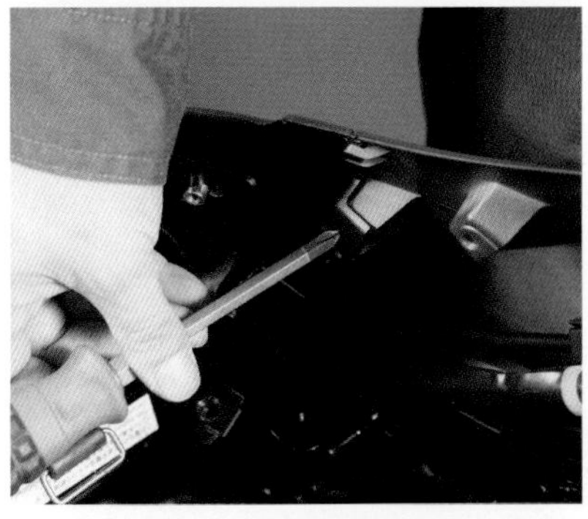

次にボディカバーを外す。まず内側側面にあるトリムクリップを外す

11

固定用トリムクリップはカバー下側、この位置にもあるので外しておく（トリムクリップは左右で計4つ外す）

12

左右のボディカバーをリアセンターカバーごと外すので、センターカバーを固定しているボルト2本を10mmレンチで外す

13

CHECK

後方に引いてボディカバーを外していくのだが、少し引いたところで一旦止めること

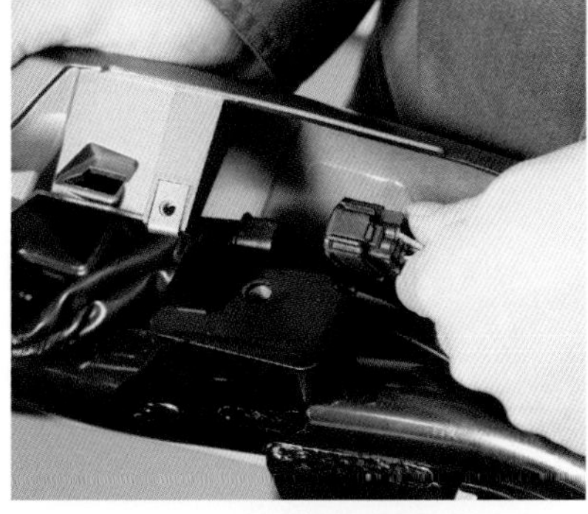

カバーをずらすことでアクセスできるようになったテールランプ配線のカプラを分割する

14

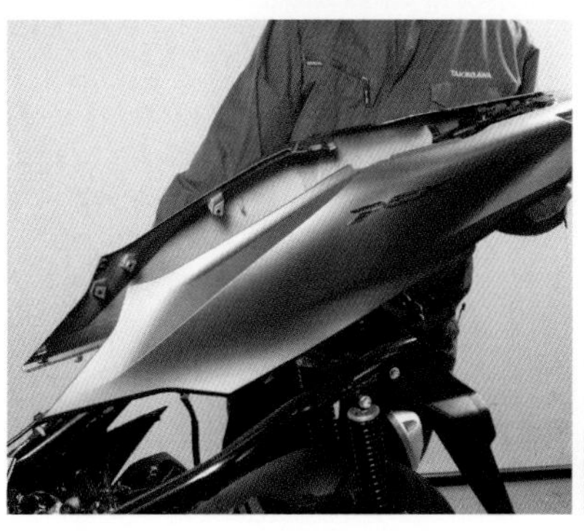

カプラが分離できたらカバー一式を車体から完全に取り外し、安全な場所に保管する

15

ボディカバーを外すことでリアサスの上側取付部にアクセスできるようになる

16

リアサスは上下2点で固定されている。これを取り外していく

17

上のボルトを14mmレンチで、下のボルトを12mmレンチで緩めておく。左右とも緩めるがまだ外さないこと

18

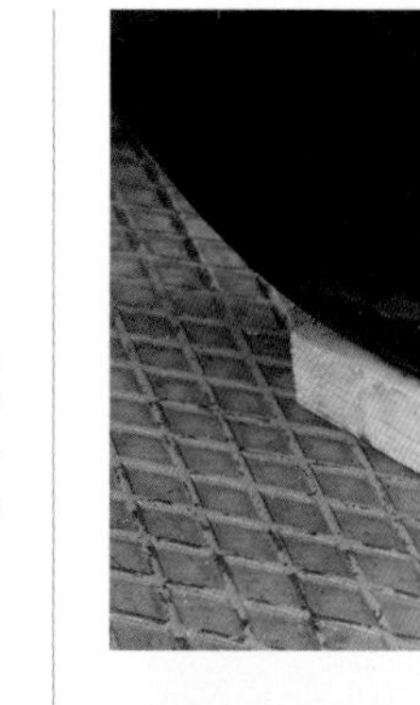

作業はメインスタンドをかけた状態でするが、サスを外すとリア周りが落ち不安定になる恐れがあるので、タイヤ下に適当な厚さの木等を挟んでおく

19

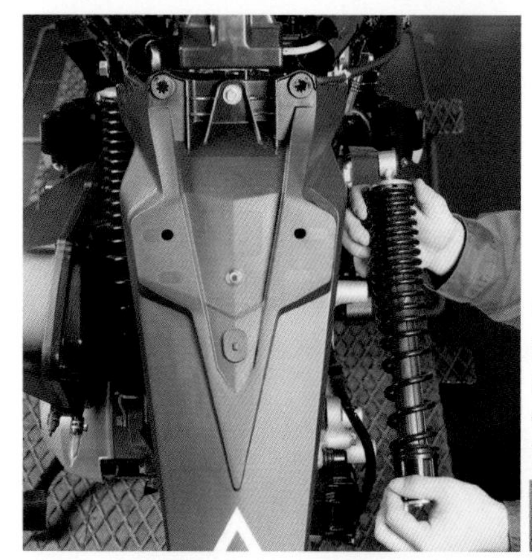

リアサスの入れ替えは片側ずつ行なう。まず右側の純正サスを取り外す

20

CHECK

武川製サスの下部は左右非対称形状となっている。曲がった側が車体外側になるので間違えないこと

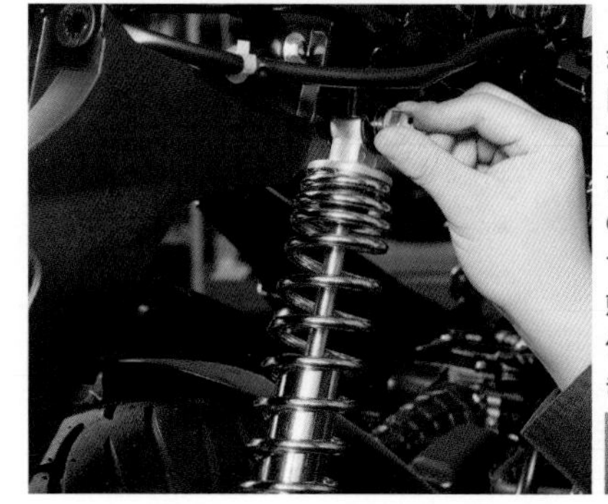

まず上側をセットし、純正ボルトで仮留めする。ショートタイプなので逆側に純正サスが付いた状態で下側を取り付けることはできない

21

左（純正サス）の下側固定ボルトを抜きサス下側を手前（後方）に引いてクランクケースから離しておく

22

リア周りを右（武川製サス）の穴位置が合うまで持ち上げたら純正ボルトで仮留めする

23

左側のサスの上部固定ボルトを抜き、純正サスを取り外す

24

25 左側に武川製サスを取り付け、上下を純正ボルトで仮留めする

CHECK

ボルトのネジ山が数山以上噛み合い脱落しない状態であることを確認したらメインスタンドを外し、フレームを上から数回押してリアサスをストロークさせ、据わりを良くする

再びメインスタンドを掛け固定ボルトを本締めする。上のボルトの締め付けトルクは39N・m

26

下側のボルトは24N・mのトルクで締める

27

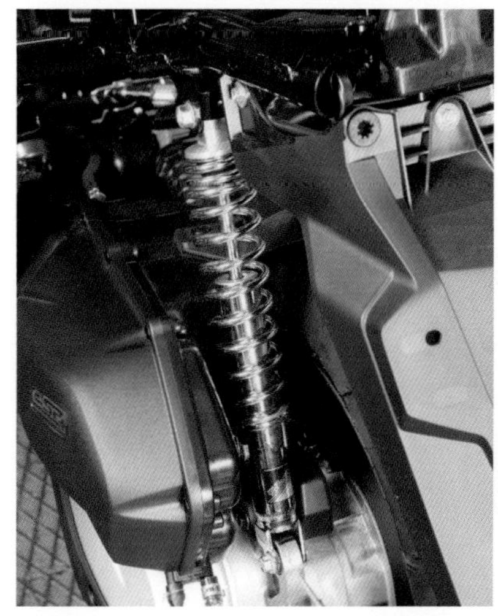

左側も同様に本締めすればサスペンションの入れ替え終了。外した外装パーツを復元していく

28

29 ボディセンターカバーにはグロメット(上写真)に刺さる突起が、サイドのカバーにはフロアステップに噛み合う爪がある

爪や突起を噛み合わせトリムクリップでボディカバーを固定したら(テールランプ配線用カプラの接続を忘れないこと)ラゲッジボックスを取り付ける

30

グラブレールの固定は安全性に直結するので、固定ボルト4本は27N･mの規定トルクでしっかり締めておくこと

31

サイドスタンドの交換

ローダウンサス装着時に合わせて装着したい、長さ調整式サイドスタンドを取り付けていく。

アジャスタブルサイドスタンド

長さをノーマル比30mm短縮から25mm延長まで調整できるアルミ削り出し製のサイドスタンド ¥17,380

01 上に引いて左のフロアマットを外し、フロアサイドカバーの固定ビスを露出させる

02 プラスドライバーを使い、固定ビス5本を抜き取る

フロントロアカバーとの固定ビスがタイヤ後方のこの位置にあるので外す

03

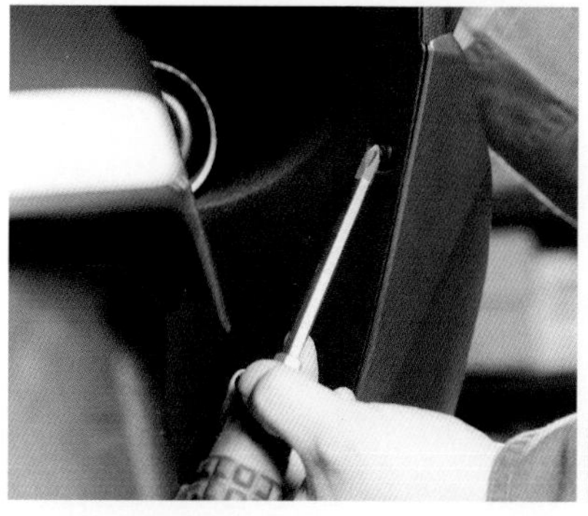

ロアカバーとサイドカバーの固定には2個のトリムクリップも使われているので、これも外す。まずここの1つ

04

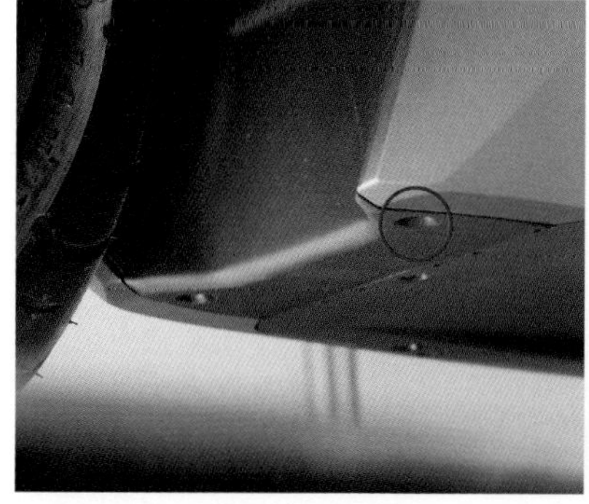

もう1つは底面の○印の位置にある

05

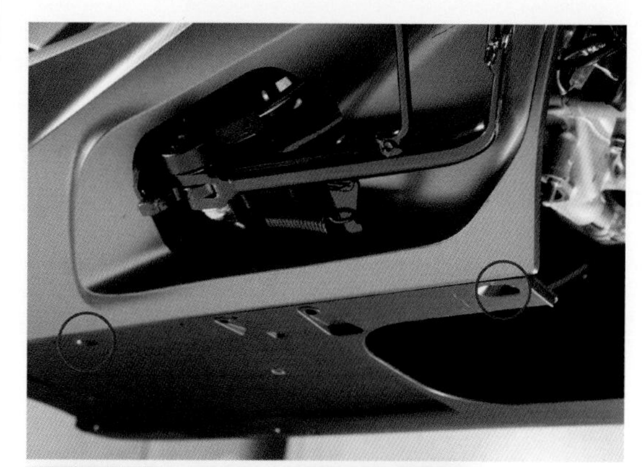

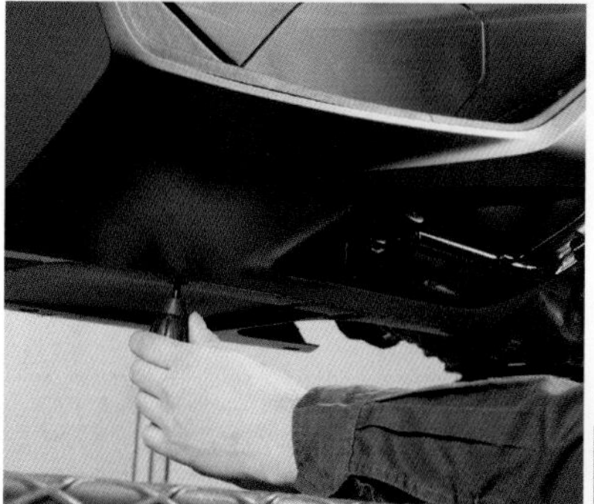

サイドカバーとアンダーカバーを留めているトリムクリップ2個を外す

06

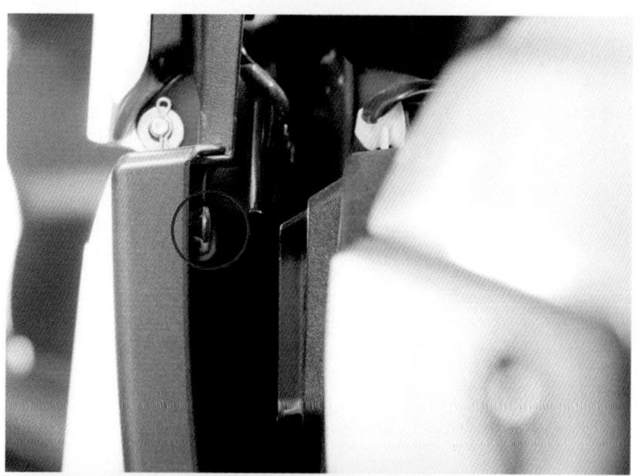

サイドカバー後端のフロアステップとの接続部には、裏側にパネルフィキシングクリップがあるので引き抜いておく

07

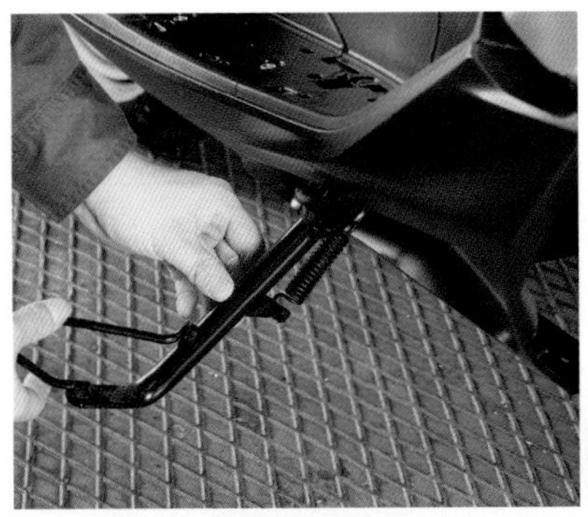

メインスタンドを掛け、フロアサイドカバーを避けられるようサイドスタンドを出しておく

08

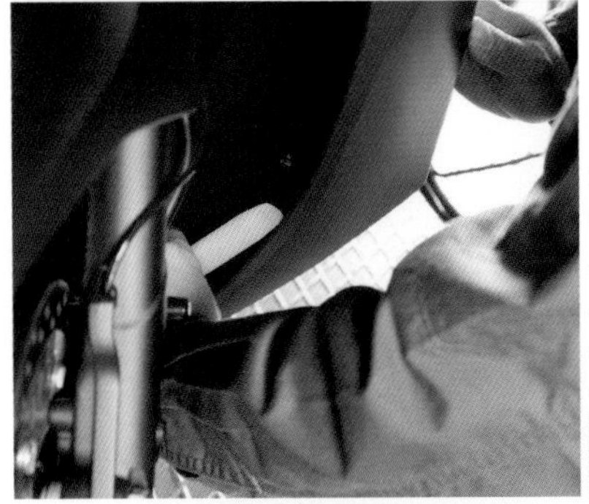

車用内装外しを使いサイドカバーとロアカバーやフロアカバーとの爪の噛み合いを外す

09

手前に引いてサイドカバーを車体から外すが、ずれ止めの突起があるので注意（下記参照）

10

CHECK

サイドカバーには上を向いた突起（○印）があるので、取り外し時はカバーを下に動かし、突起を抜いてやること

11 8mmレンチで固定ボルトを抜き、サイドスタンドスイッチを取り外す

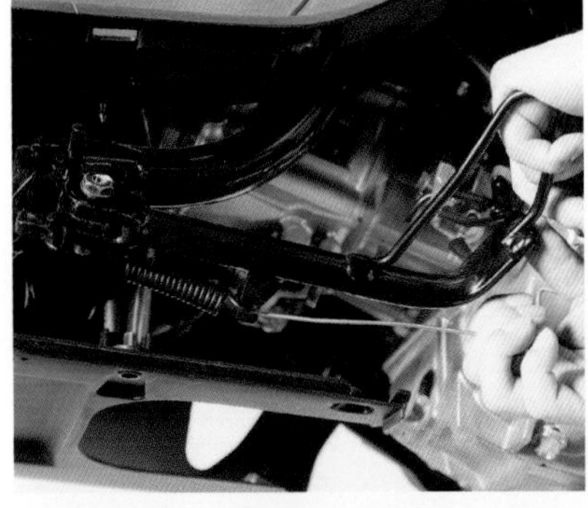

スプリングフックを使いサイドスタンドのスプリングを外す。スプリングは固く作業には強い力が必要なので気を付けたい

12

サイドスタンドピボットボルトの先に取り付けられたフランジナットを14mmレンチで外す

13

スプリングは再使用するが、向きがあるので注意。直線部が長い方が上(付け根側)になる

14mmレンチでピボットボルトを抜き取り、サイドスタンドを取り外す

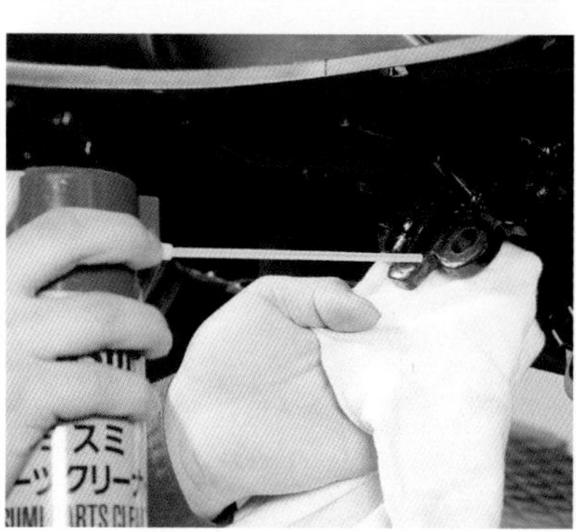

フレームのサイドスタンド取付部には古いグリス等の汚れが付いているので、パーツクリーナーを使い洗浄する

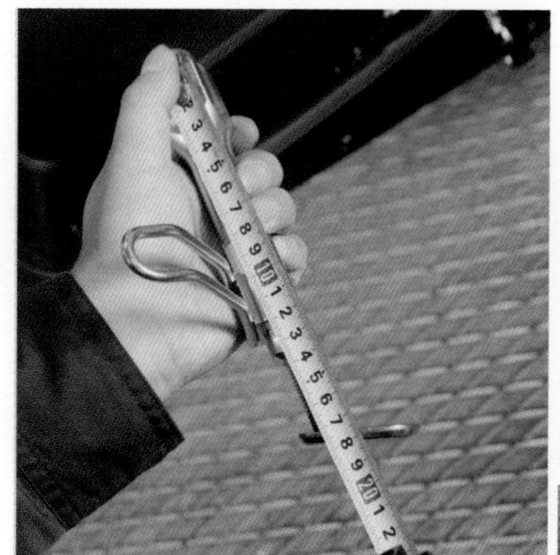

アジャスタブルサイドスタンドの長さを調整する。ローダウンサス使用時の指定値は173mm。先端部を回転させることで調整することができる

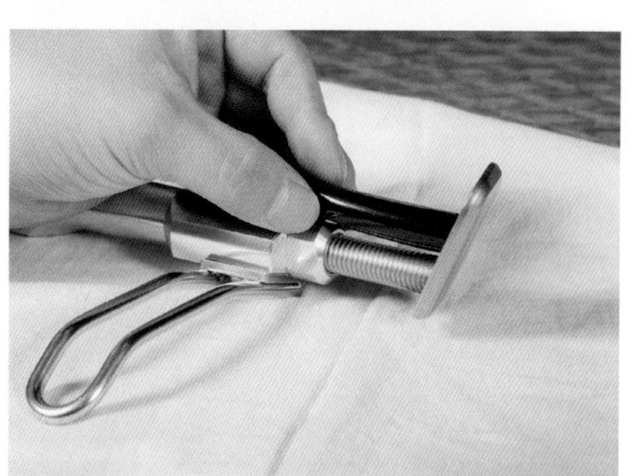

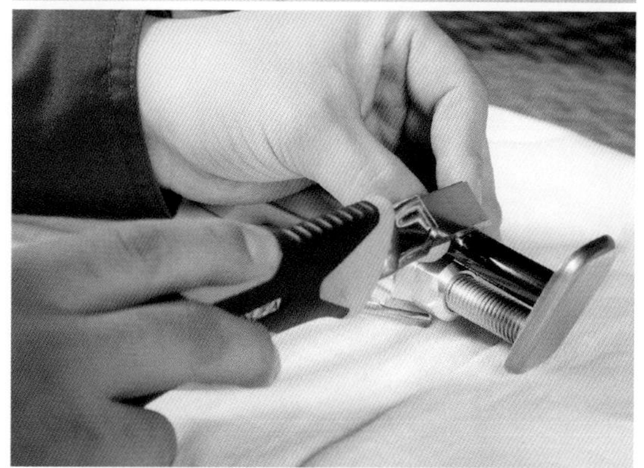

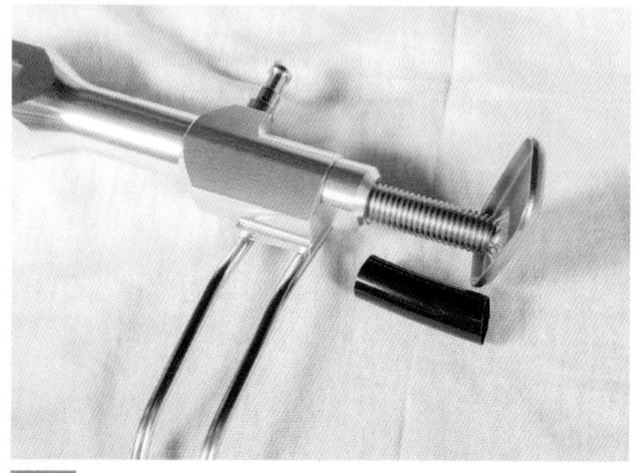

17 露出したネジ山部と同じ長さになるよう、付属のチューブをカットする

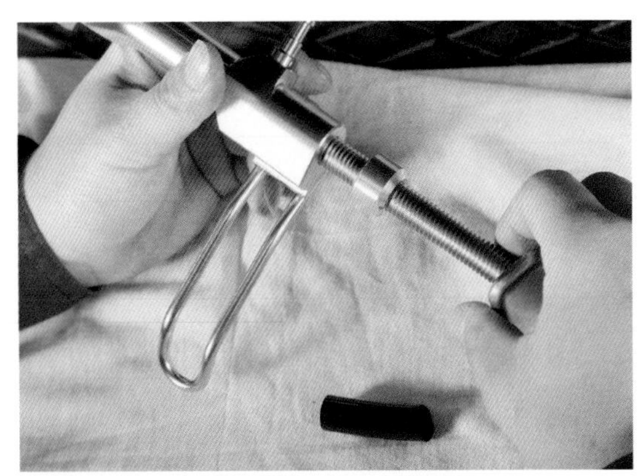

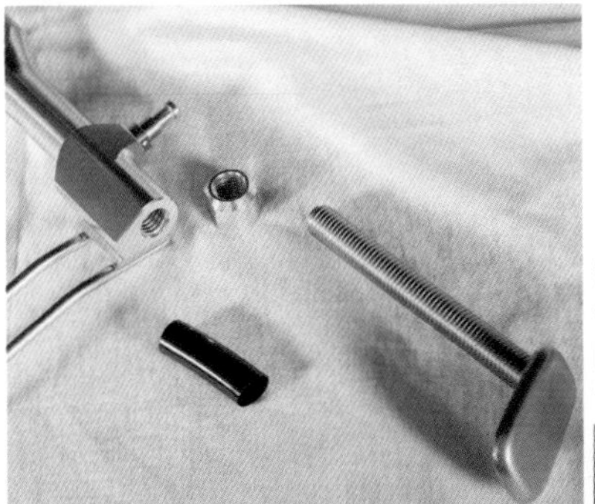

先端部を回転させ、サイドスタンド基部から分解する

18

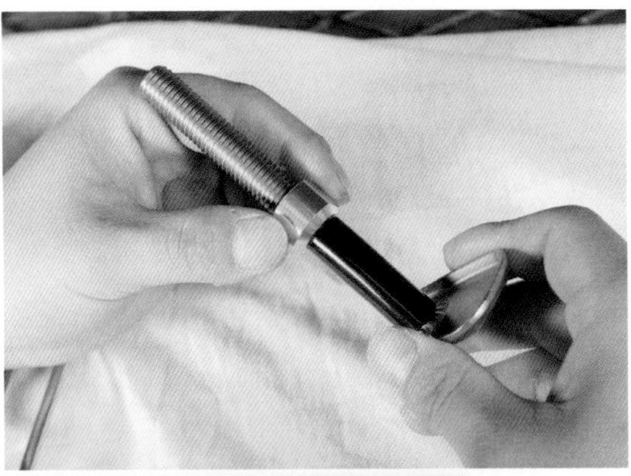

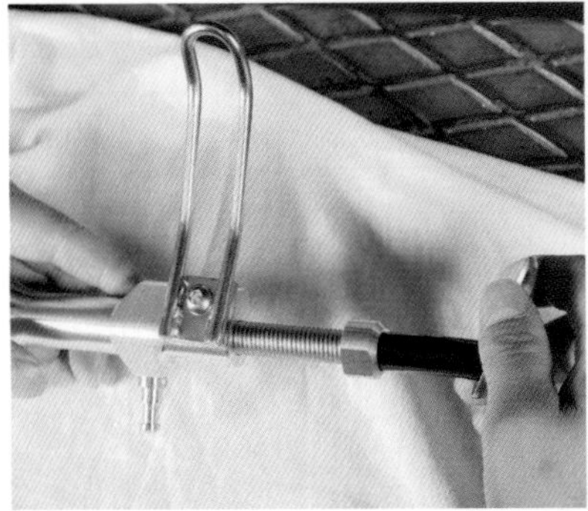

接地部にチューブを差し込み、その先にロックナットをセットしてからサイドスタンドを組み立てる

19

フレームのサイドスタンド取付部に潤滑用のグリスを塗る

20

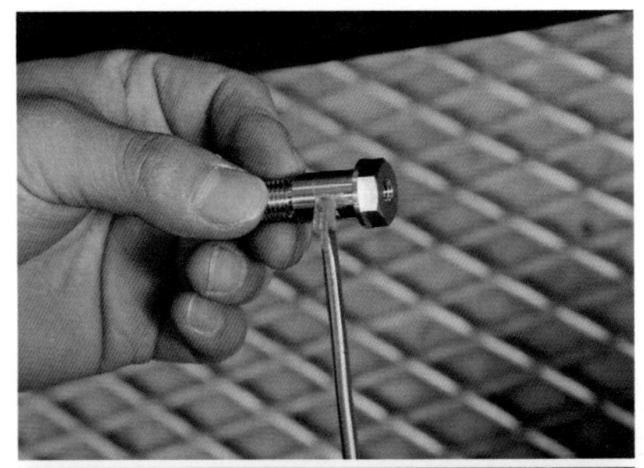

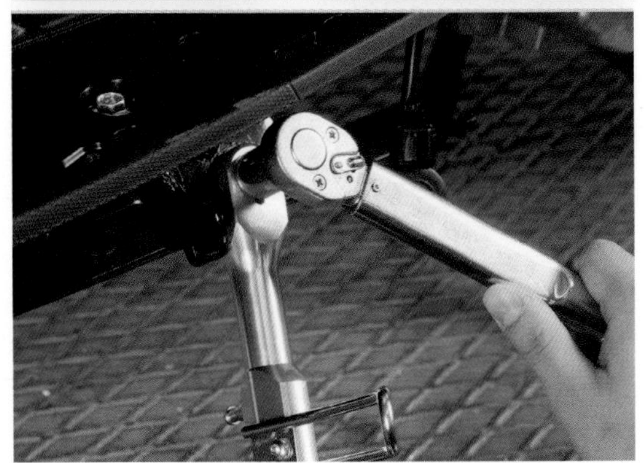

21

付属のピボットボルトの摺動部にもグリスを塗った上でスタンドを取り付け、ボルトを25～29N･mのトルクで締める

サイドスタンドのロックナットを17mmレンチを使い20N・mのトルクで締めて固定する

22

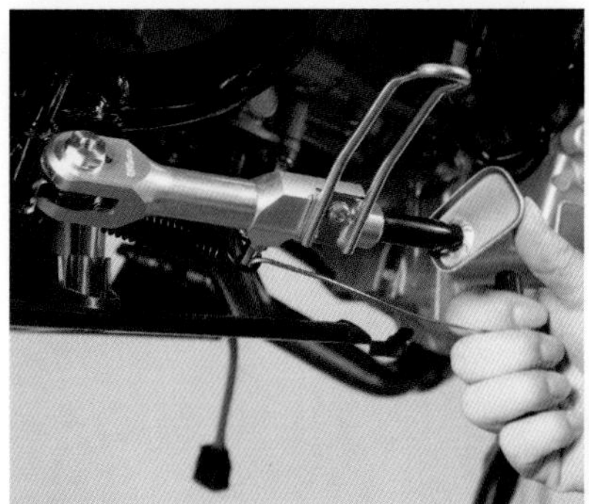

スプリングフックでスタンドにスプリングを取り付ける

23

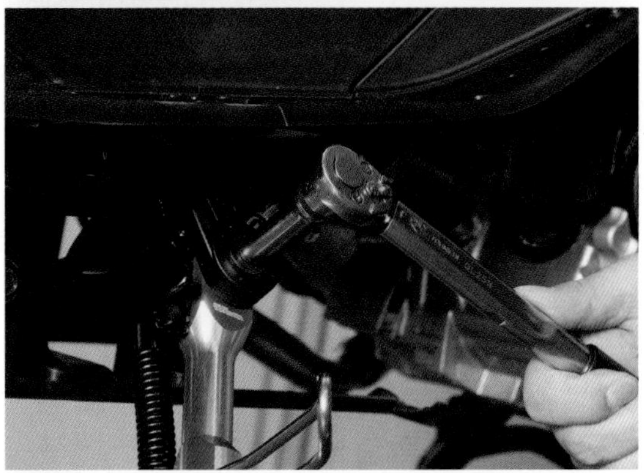

24 突起をスタンドの穴に合わせてサイドスタンドスイッチを取り付け、ボルトで固定する（締め付けトルクは10N・m）

取り付けができたスタンド。念のため正常に折りたたみできるかチェックしておく

25

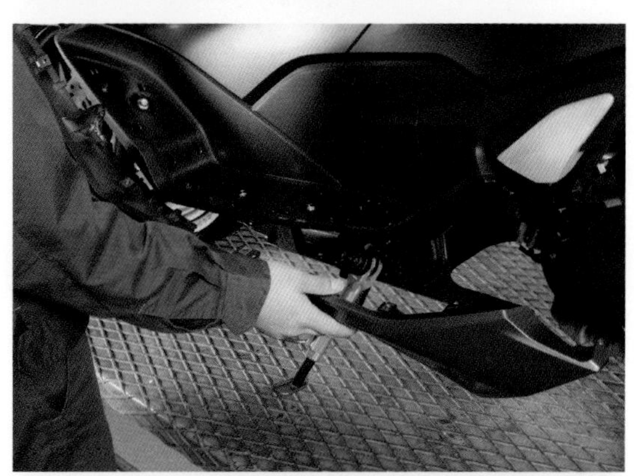

26 サイドスタンドを避けながらサイドカバーを取り付ける。前側のフロアステップ組み合わせ部に爪があるので注意

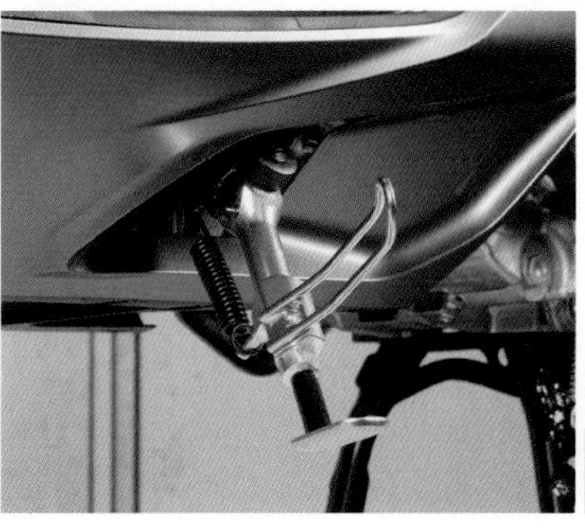

各固定ビス、トリムクリップ等を元に戻したら完成となる

27

ラジエターコアガードの取り付け

地味で目立たないエンジンにワンポイントを加えるラジエターコアガードを取り付けていく。

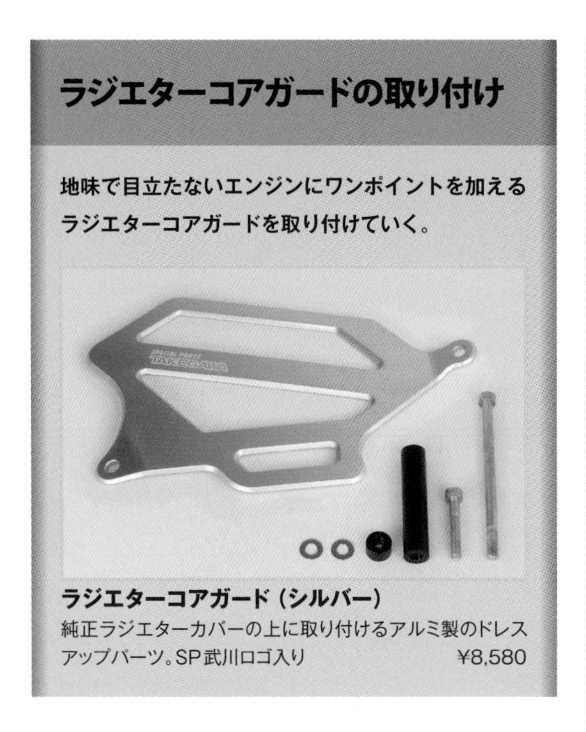

ラジエターコアガード（シルバー）
純正ラジエターカバーの上に取り付けるアルミ製のドレスアップパーツ。SP武川ロゴ入り　¥8,580

01 p.72~を参考に右フロアサイドカバーを外してラジエターカバー全体を露出し、固定ボルト2本を8mmレンチで外す

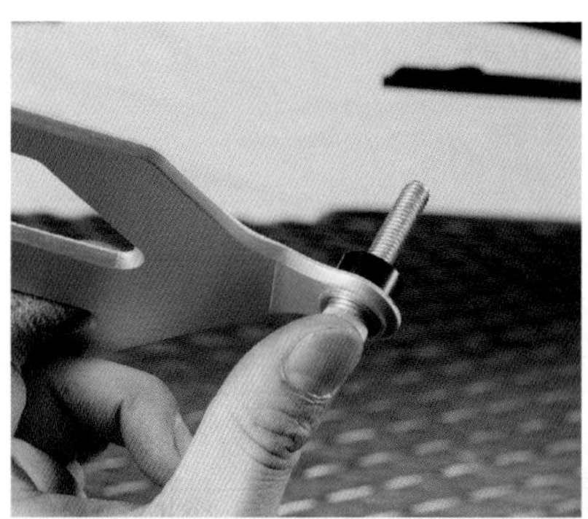

コアガード前側の取付穴にワッシャを通した35mm長のボルトを差す。そしてコアガードを貫通したボルトに厚さ8mmのカラーを通す

02

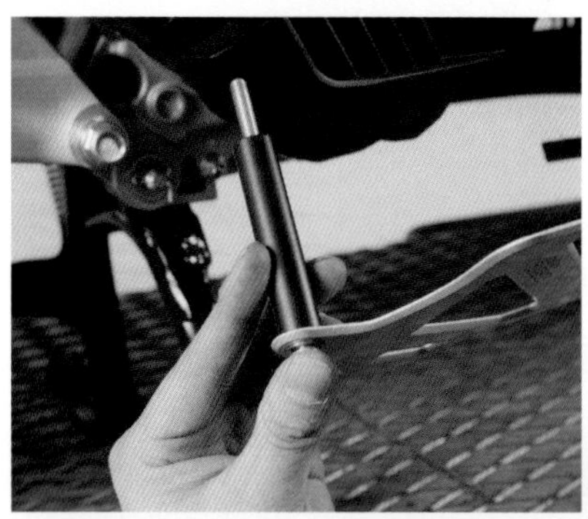

後ろ側取付穴には95mm長のボルト（ワッシャ併用）を差し、それに67mm長のカラーを通す

03

04 **01**でボルトを外した穴にコアガードをセット。純正カバーと干渉しないことを確認したら8N･mのトルクで締め付ける

外した時と逆手手順で右ロアサイドカバーを取り付ける

05

06 以上で取り付け完了。前側取り付けボルトへのアクセスの関係上、どうしてもロアサイドカバー脱着が必要となる

エアフィルターの交換

吸入効率をアップできる高性能エアフィルターを取り付ける。手軽に装着できるパーツだ。

パワーフィルター（純正エレメント交換タイプ）
ノーマルと交換することで吸入効率が向上し、ノーマルエンジンの場合でもパワーアップを可能にする。粗目・細目のスポンジエレメントが選択可能　¥6,930

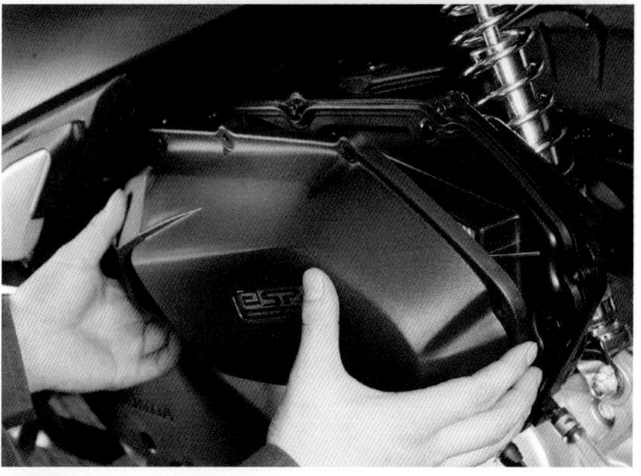

01 固定ビス8本をプラスドライバーで外し、エアクリーナーケースカバーを取り外す

エアクリーナーケースカバーを外すと、純正のエアフィルターが姿を現す。純正は乾式のフィルターを使用している

02

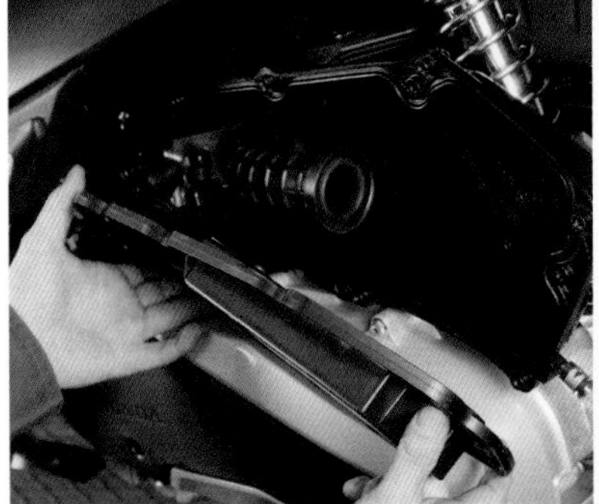

フィルターはプラスビス3本でエアクリーナーケースに留められているので、それを抜き取って取り外す

03

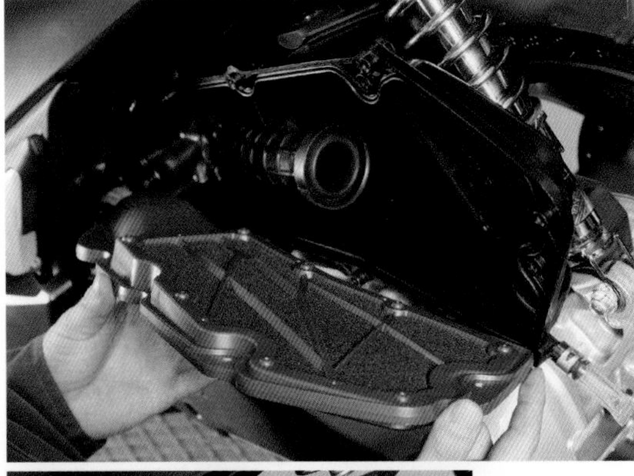

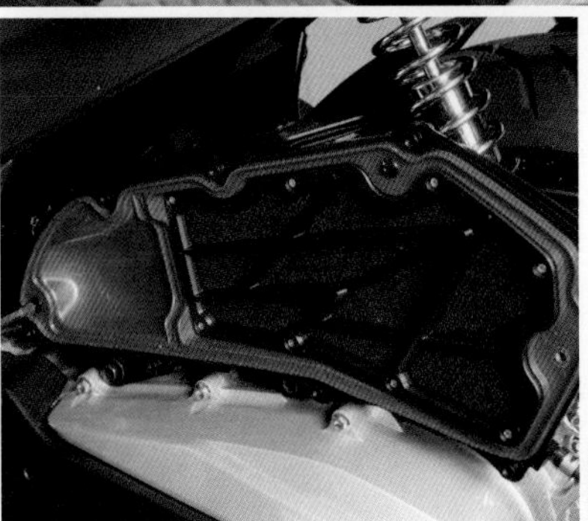

武川製フィルターを取り付け、プラスビスで留める

04

純正フィルターに比べ開口部がかなり大きいのが分かる。空気をろ過するフィルターはスポンジ製。脱着可能な構造で洗浄・交換ができる

05

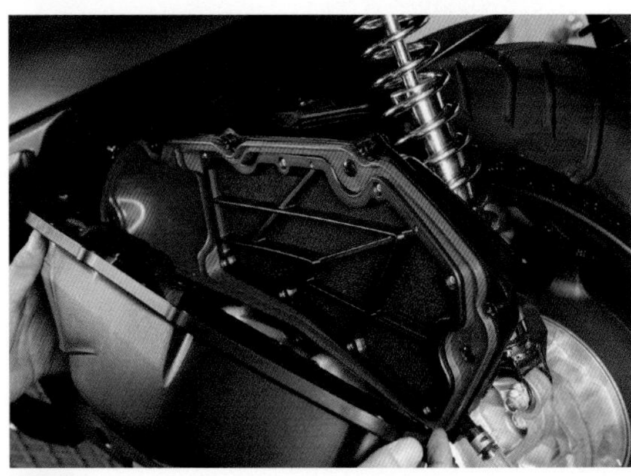

06 エアクリーナーケースカバーを取り付け、プラスビスで固定すれば交換終了となる

ハンドルガードの取り付け

スマホホルダーといったアクセサリーの装着に便利なハンドルガードの取り付けをしていく。

ハンドルガード（シルバー）
Φ22.2mmパイプを使うことで、ハンドルクランプタイプのアクセサリーが取付できる。ブラック仕様もある　¥10,450

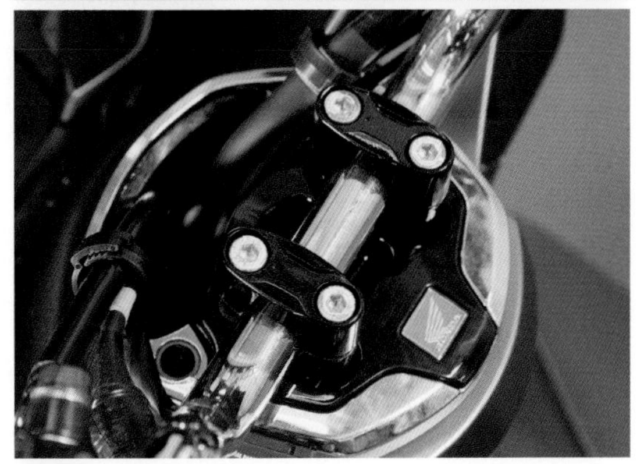

01 ハンドルガードはハンドルクランプに取り付ける。ボルトカバーを樹脂製の物で外し、固定ボルトを露出させる

手前側のクランプ固定ボルト2本を6mmのヘキサゴンレンチで緩めて外す

02

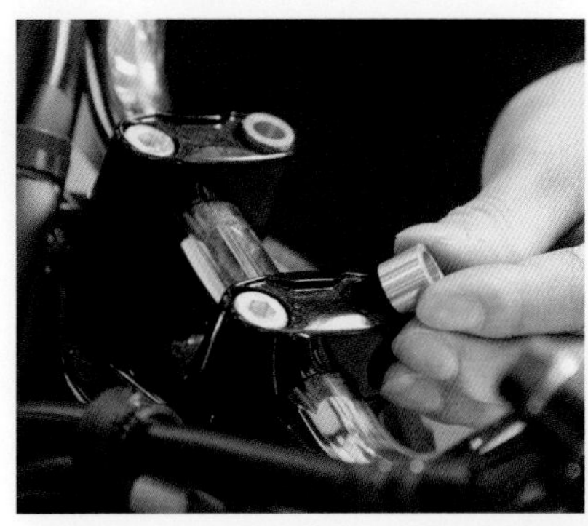

ボルトを外したクランプのくぼみにキット付属のカラーを取り付ける

03

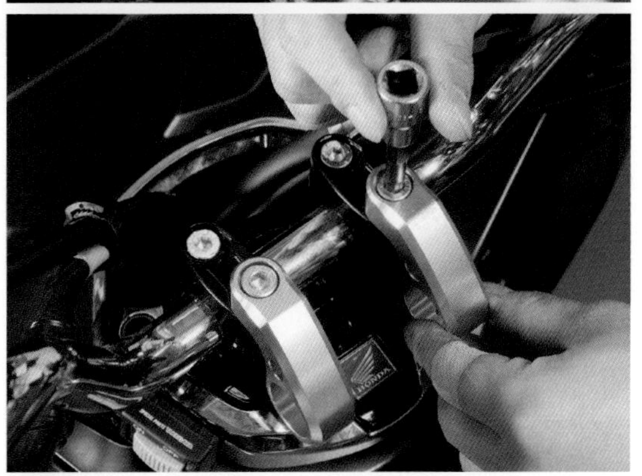

04 ハンドルガードブラケットを付属ボルトを使い、ハンドルクランプと密着した状態になるよう仮留めする

ハンドルガードブラケットにパイプを差し込む

05

06 パイプはブラケット端から約59mm（先端の樹脂部は除く）出た位置に調整する

CHECK

06は推奨値。独自の突き出し量にする場合は、位置調整後、それが分かるようマスキングテープ等で印をしておく

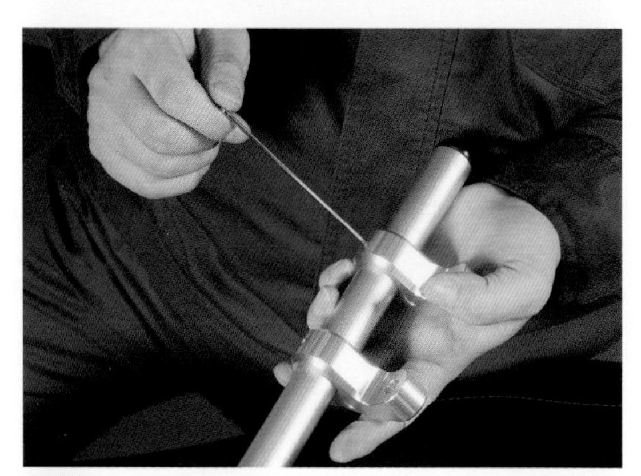

07 パイプがずれないようブラケットを外し、1mmヘキサゴンレンチでブラケット裏のイモネジを仮留めする

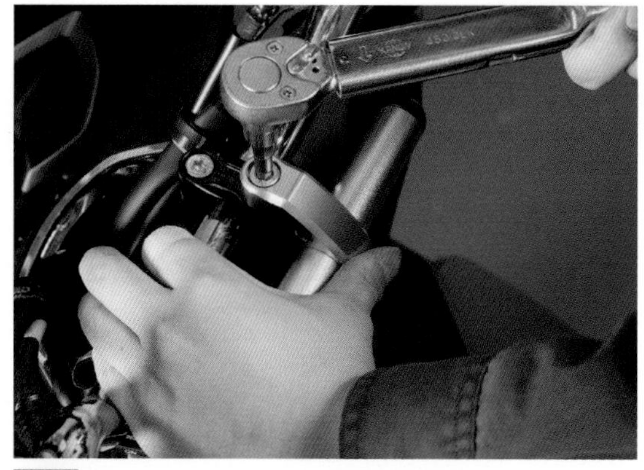

08 ブラケットを戻し、固定ボルトを27N・mのトルクで締め問題なければイモネジを締め（1N・m）パイプを固定する

クランプ固定ボルト4本の頭（くぼみ）にキット付属のボルトキャップを取り付ける

10 以上で取り付け作業は終了だ

バーエンドの交換

ハンドルに存在感を与えるカスタムバーエンドを取り付ける。取り付け難易度は低いアイテムだ。

バーエンド(ノーマルハンドル用)(ステンレス)
ノーマルハンドルに対応したステンレス製のバーエンド。SP武川のロゴがレーザーで刻まれている ¥7,040

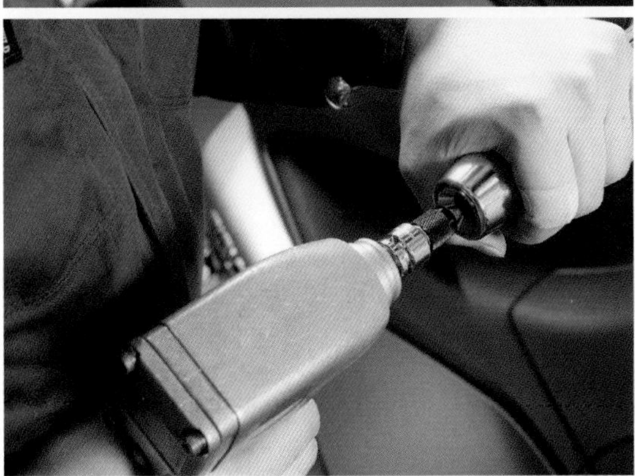

01 純正バーエンド固定用のプラスビスを緩める。ビスが固い場合ナメやすいので、電動・エア工具を使うと楽に取り外せる

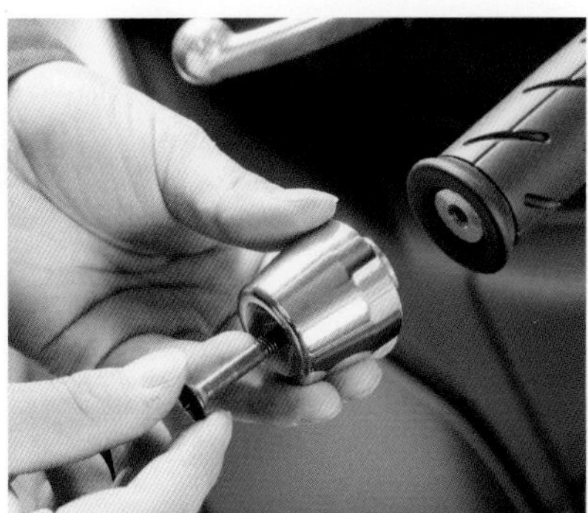

ビスを緩めて外せばバーエンドを外せる

02

キットのバーエンドに付属ボルトを差し、間に付属ワッシャを挟んだ上でハンドルに取り付ける。ボルトのネジ山には中強度のネジロック剤を塗ること

03

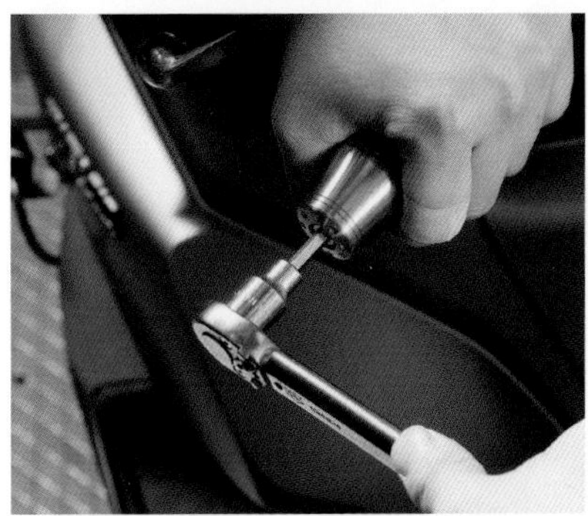

5mmのヘキサゴンレンチで取り付けボルトを締め付ける。規定トルクは9.0N・m

04

CHECK

取り付け後、バーエンドとの干渉によりスロットルグリップの動きが渋くなっていないか確認。必要があれば組み直す

駆動系パーツの交換

加速時のキャラクターを左右するウエイトローラーとクラッチセンタースプリングを交換していく。

ウエイトローラー
1台分の6個がセットとなったウエイトローラー。重さは8.5g、9.5g、10gの3種から選べる　¥3,300

クラッチセンタースプリング
減速後の加速がより鋭くなる、ノーマルよりバネレートをアップしたクラッチセンタースプリング　¥2,750

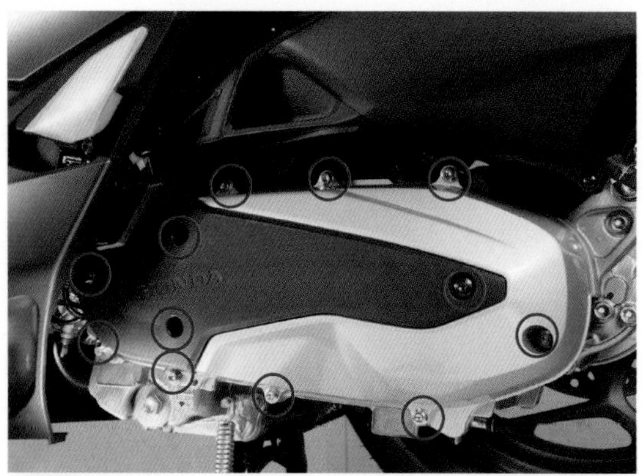

01 銀色のクランクケースカバー、黒いカバーダクトを外していく。固定ボルトは○印位置にあるが、これが全てではない

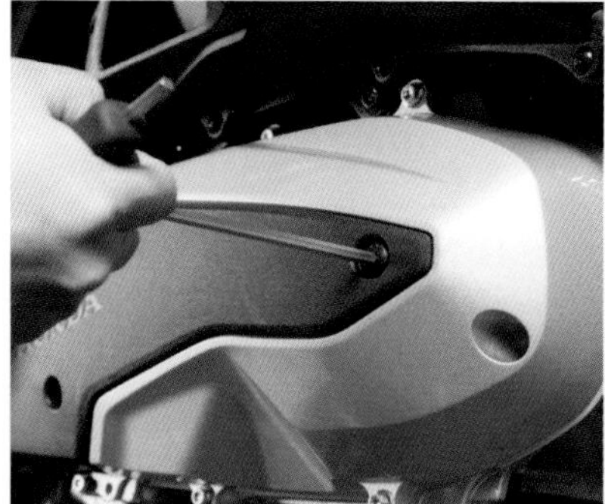

まずダクトカバーを外していく。前方3本のボルトは8mmレンチで、後方の1本は5mmヘキサゴンレンチで緩めて外す

02

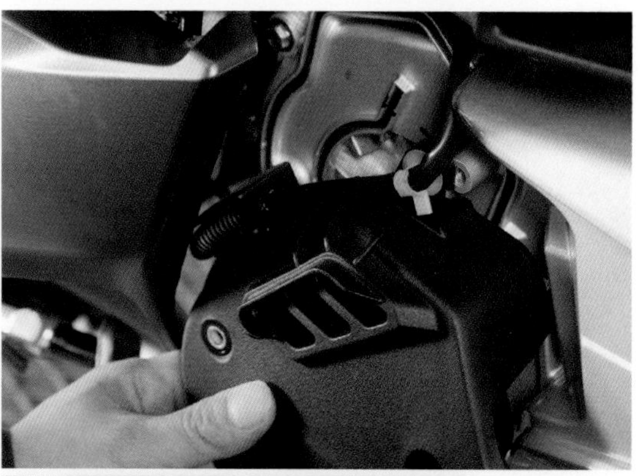

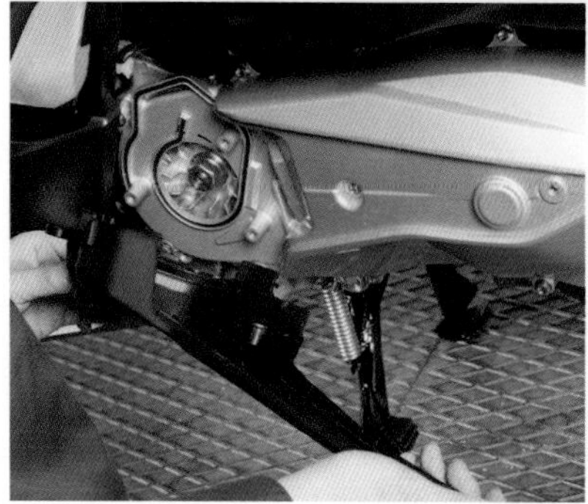

手前に引いてダクトを浮かせたら、カバー前方に取り付けられた配線をクリップを抜いて分離。これで完全にダクトを外すことができる

03

ダクトを外すと、これまで見えなかった固定ボルト2本が現れる

04

クランクケース固定ボルト、11本を8mmレンチで外す

05

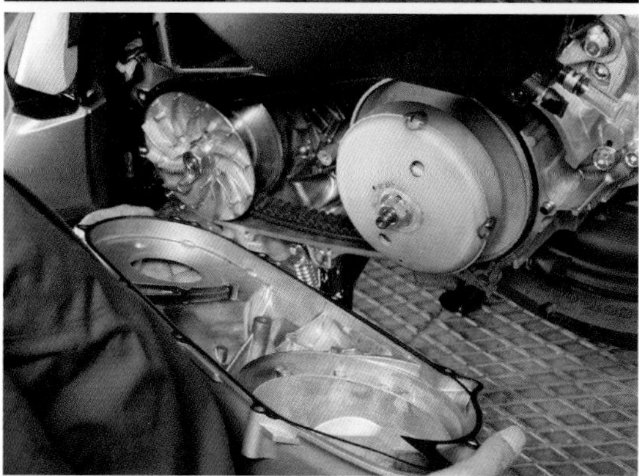

06 ボルトを外し、手前にまっすぐ引けばクランクケースカバーが外れ、駆動系が姿を現す

07 向かって左がウエイトローラーが収まるプーリー、右はクラッチで、こちらにはクラッチセンタースプリングがある

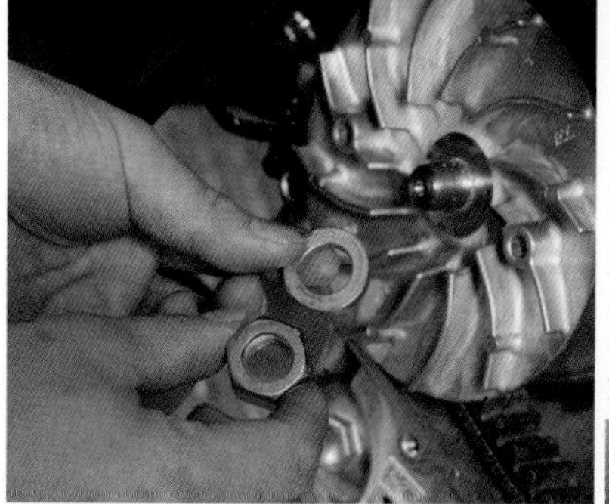

ユニバーサルホルダーでドライブフェイスを回り止めしつつ固定ナットを22mmレンチで外す。ナット下のワッシャも抜き取っておくこと

08

真っ直ぐ手前に引いてドライブフェイスを取り外す

09

10 次の作業の邪魔になるので、ドライブベルトをこのようにムーバブルドライブフェイス上から避けておく

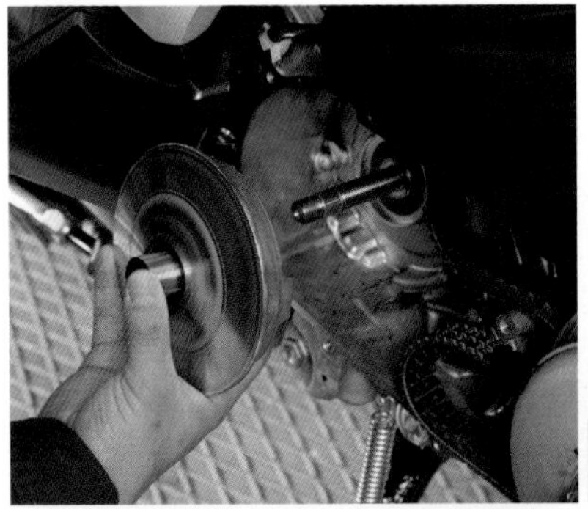

中央にある筒状のドライブフェイスボスごとムーバブルドライブフェイスを抜き取る

11

ムーバブルドライブフェイスを裏返し、ランププレートを外すとウエイトローラーが現れる

12

純正のウエイトローラー6個を外す

13

CHECK

左が純正、右がより軽いキットのウエイトローラー。純正は18.5gで、軽いほど変速が高回転寄りになる

ムーバブルドライブフェイスはウエイトローラーの削りカス等が付着しているので、ウエス等で掃除する

14

POINT

15 ウエイトローラーは樹脂で覆われた面を向かって右(回転方向)に向けて溝にセットする

縦の柱に合わせてランププレートをムーバブルドライブフェイスに取り付ける

16

ランププレートが浮かないようにしながらムーバブルドライブフェイスをクランクシャフトに差し込む

17

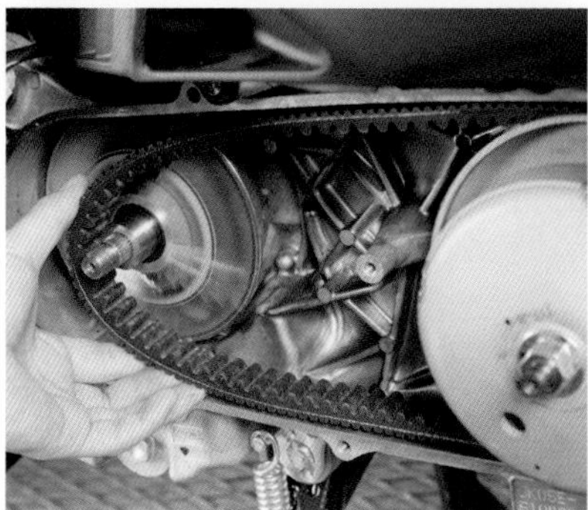

ドライブベルトを元に戻す。ドライブフェイスが付いた状態だと実行できないので、このままクラッチの脱着作業に移る

18

19 フライホイールホルダー（ホンダ純正推奨）でクラッチアウターを回り止めし19mmレンチで固定ナットとワッシャを外す

クラッチアウターを手前に引いて外す

20

クラッチ、ドリブンプーリー一式をベルトごと引き抜く

21

22 クラッチ部をフライホイールホルダーで回り止めした状態で、固定ナットを39mmレンチで少し緩める

ホルダー無しでナットを回せるまで緩めたら、飛び上がらないようクラッチを上から押しながらながらナットを緩めて外す

23

クラッチが外れた状態がこちら。ドリブンプーリーの中心に取り付けられているのがクラッチセンタースプリングだ

24

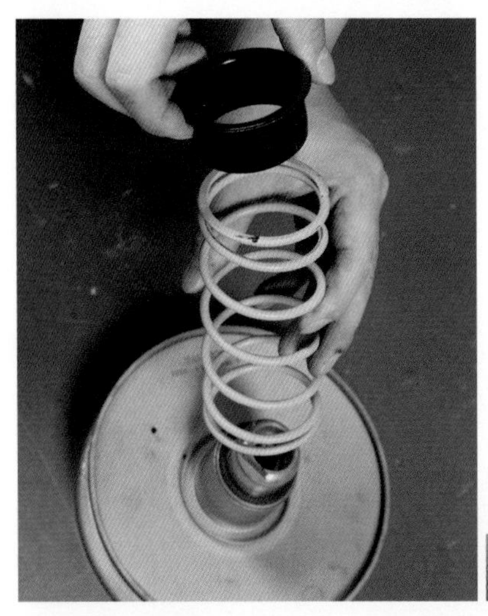

クラッチセンタースプリングを抜き、先端に取り付けられたカラーを外す

25

CHECK

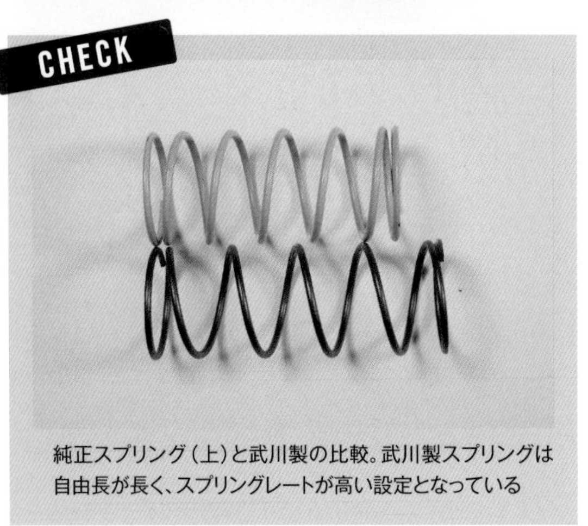

純正スプリング（上）と武川製の比較。武川製スプリングは自由長が長く、スプリングレートが高い設定となっている

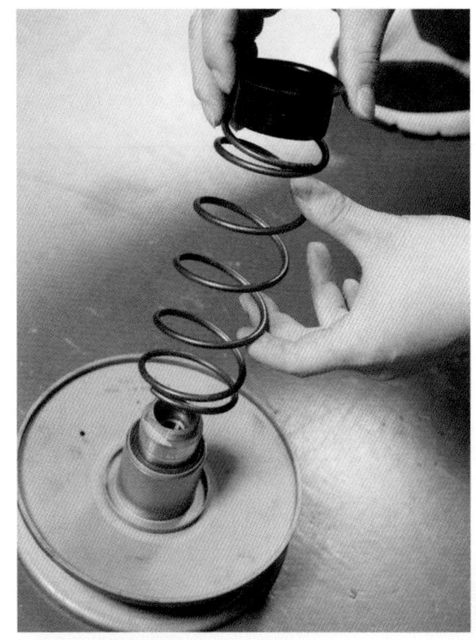

ドリブンプーリーにスプリングを取り付け、ツバを上にしてカラーをスプリングにセットする

26

CHECK

ドリブンプーリーのシャフトとクラッチ中心の穴には直線部分がある。両者を組み合わせる時は、その直線部の位置を合わせる必要がある

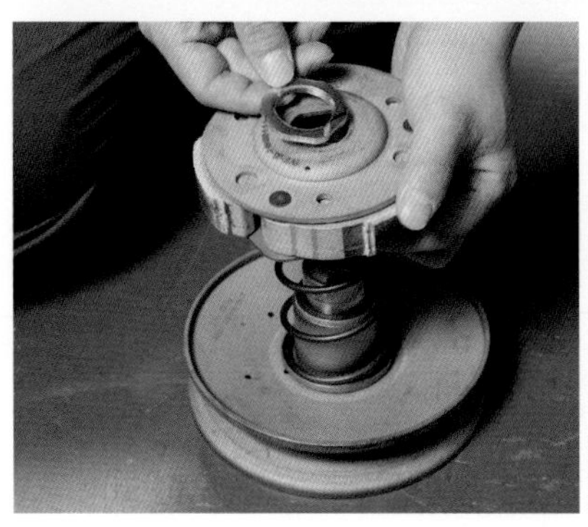

スプリングの上にクラッチと取り付けナットをセット。クラッチを押し下げ、穴から出たシャフトにナットを噛ませる

27

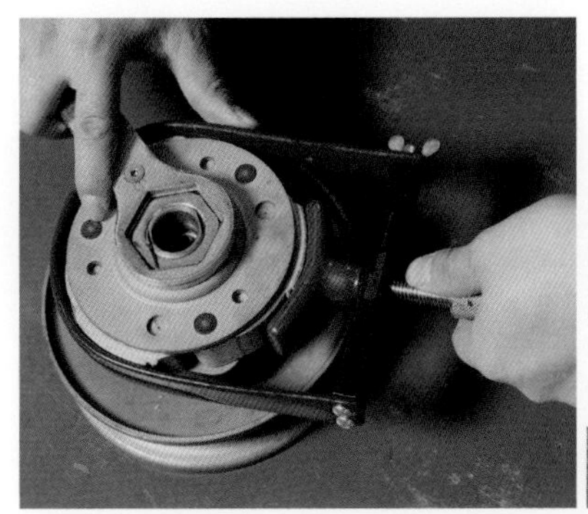

フライホイールホルダーでクラッチを回り止めしつつ固定ナットをしっかり本締めする

28

CHECK

ベルトを交換する時は向きに注意。文字が通常通り読める向きにセットするのが原則だ

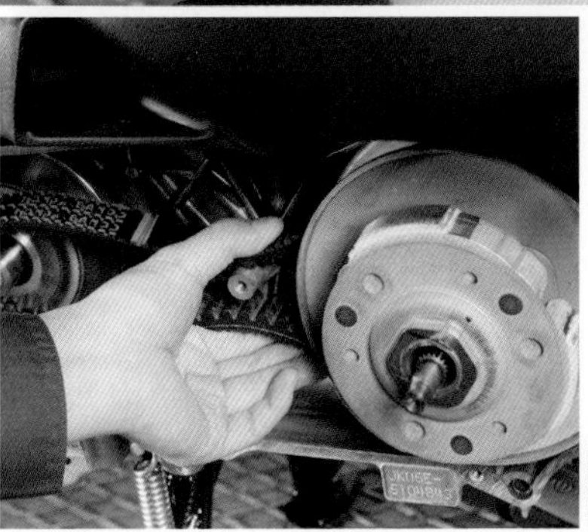

ドリブンプーリーを開き、できるだけベルトを落とし込んだ状態にしてドライブシャフトに差し、ベルトが外に行かないよう手で保持する

29

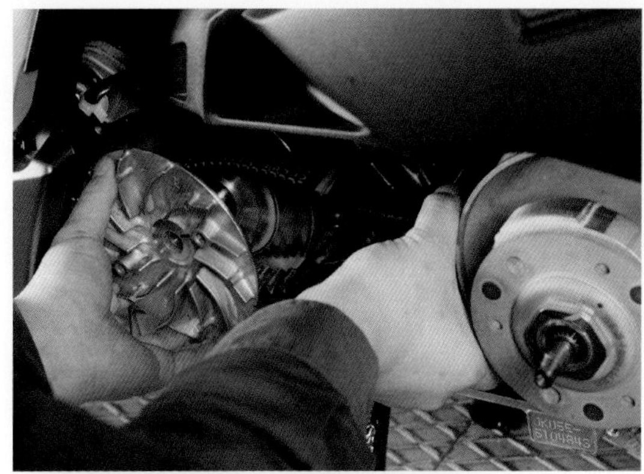

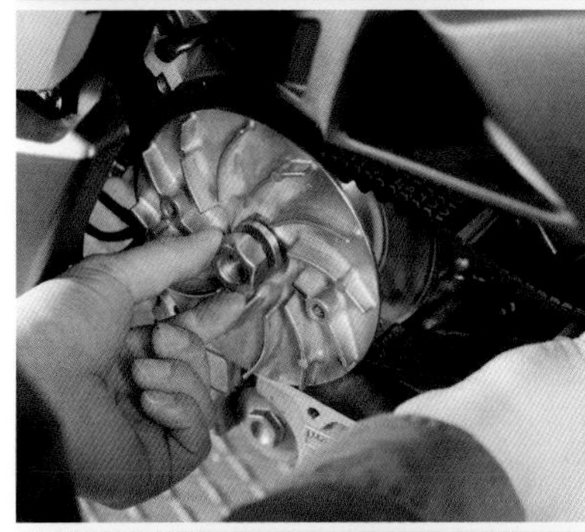

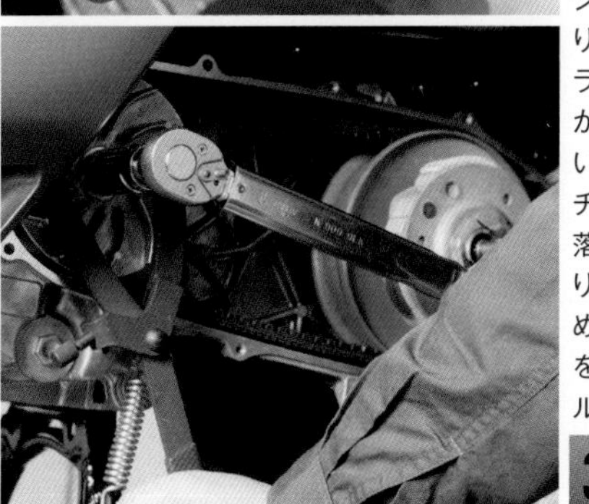

ドライブフェイスを差し（スプラインを合わせること）、ワッシャ、ナットを取り付けたら（ドライブフェイスが奥まで入らない場合、クラッチ側のベルトの落とし込みが足りない）回り止めをしてナットを54N・mのトルクで締める

30

POINT

31 ベルトを上下に動かし、プーリーに噛んでいないか点検。もし噛んでいたら取り付け作業をやり直す

クラッチ側を固定する。ワッシャ、ナットを付け、クラッチアウターを回り止めしつつナットを49N・mのトルクで締める

32

33 クランクケースの2ヵ所にノックピンが取り付けられていることを確認する

ガスケットをノックピンに差し込みながらクランクケースにセットする

34

クランクケースカバーを取り付け、ボルト11本で固定する

35

カバーダクトに配線の固定用クリップを取り付ける

36

37 カバーダクトを取り付ければ作業終了だ

LEDフォグランプの取り付け

外装の多くを脱着する必要があるので、作業時間と部品の保管スペースを充分確保してから臨もう。

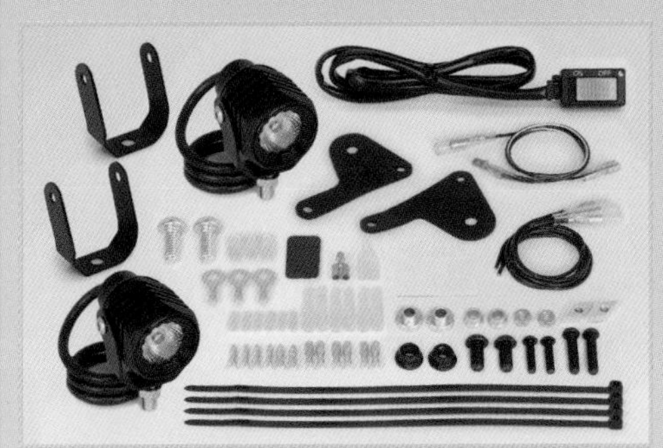

LEDフォグランプキット3.0(950)(2個入)
視認性向上や安全性を高められるフォグランプ。車体の加工不要でボルトオンで取り付けできる ¥22,880

01 事前にラゲッジボックス、ボディカバーを外す。次にトリムクリップを抜き、センターカバーBを後方に引いて取り外す

フロントサイドカバーをセンターカバーAに留めているプラスビス、左右各1本を外す

02

フロントサイドカバーの後方側面にあるプラスビスを緩めて抜き取る

03

04 グローブボックスを開け、開口部左壁面にあるプラスビスとトリムクリップ、各1本を取り外す

p.72~を参考にフロアサイドカバーを左右とも外したら、フロントロアカバーの〇印位置にあるトリムクリップを外す

ヘッドライト下にあるプラスビス2本を外す

06

06のビスの横にあるトリムクリップ2本を抜き、爪の噛み合わせを解除しながらフロントセンターカバーを取り外す

07

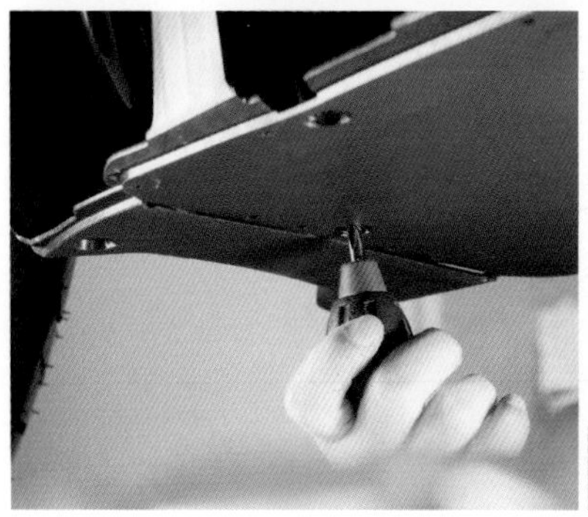

フロントロアカバーとアンダーカバーを留めているトリムクリップを外す

08

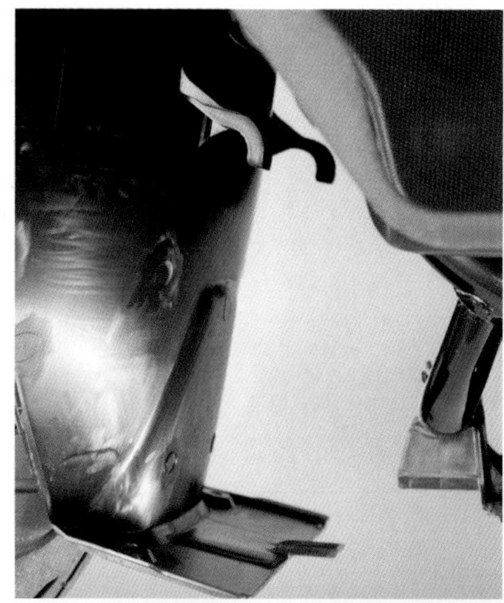

09 下部を前に引き出してからフェンダー後方を回り込むように側方へフロントロアカバーを外す

右フロントサイドカバーの固定ビス等を外す。メンテナンスリッドを開けるとその1つであるトリムクリップが見えてくるので、それを取り外す

10

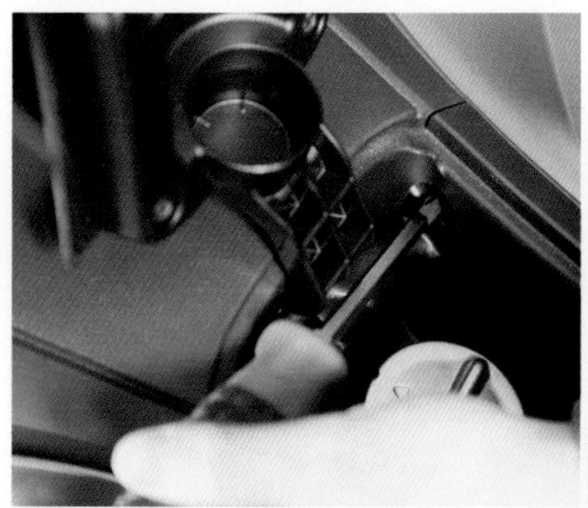

フューエルリッドを開け、そのヒンジ根元にあるプラスビス、左右各1本を抜き取る

11

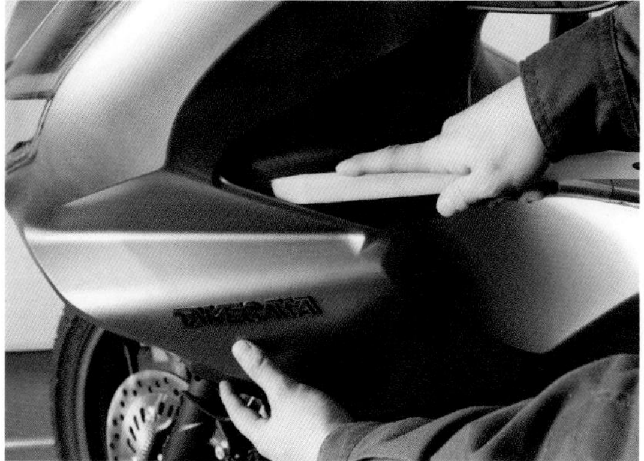

車用内装外しを使って爪の噛み合わせを解除しながら左フロントサイドカバーを外す

12

CHECK

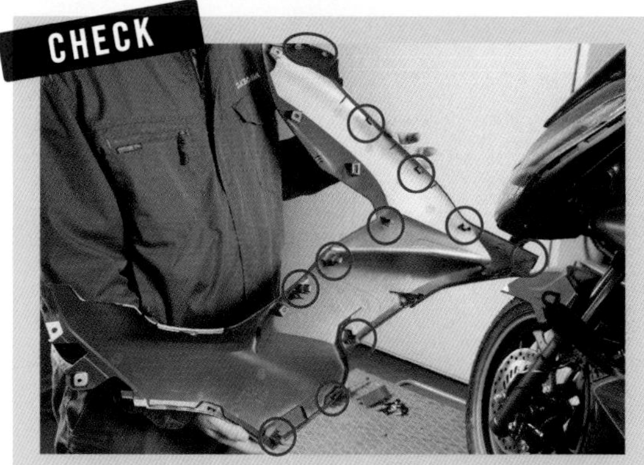

外した左フロントサイドカバー。○印の位置に爪があるので作業の参考にしてほしい

CHECK

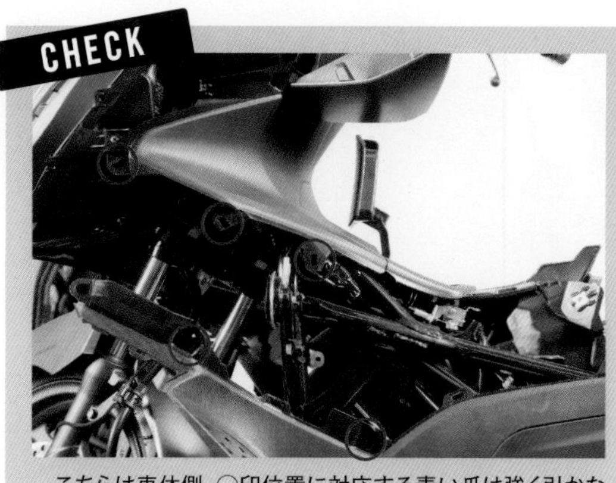

こちらは車体側。○印位置に対応する青い爪は強く引かないと外すことができない

インナーカバーアウターを外すため、まずこの位置のプラスビスを外す

13

次にメンテナンスリッド内のプラスビスを外す

14

内装外しを使い、爪を外していく

15

ハンドルリアカバーに干渉しないよう、後ろに引いてインナーカバーアウターを取り外す

16

CHECK

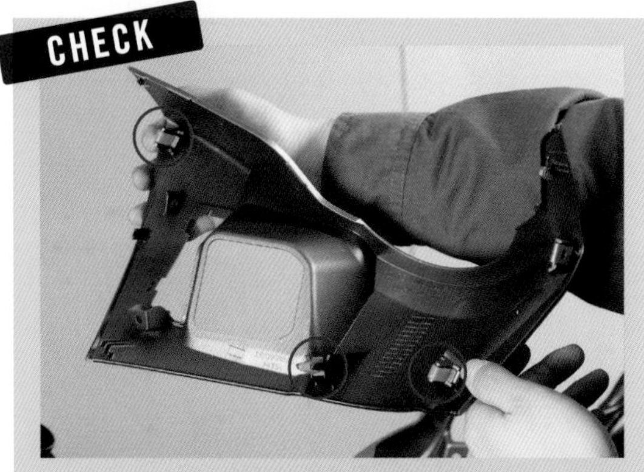

インナーカバーアウター裏面の爪は○印の位置にある。これも噛み合いが強いタイプだ

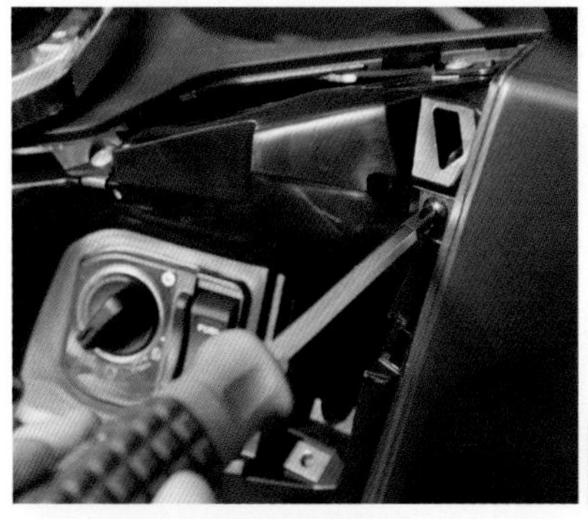

スイッチ右側にあるプラスビスを取り外す

17

左側と同様の手順で右フロントサイドカバーを取り外す

18

POINT

19 電装系をいじっていくので、ショートを避けるためバッテリーのマイナス端子を外しておく

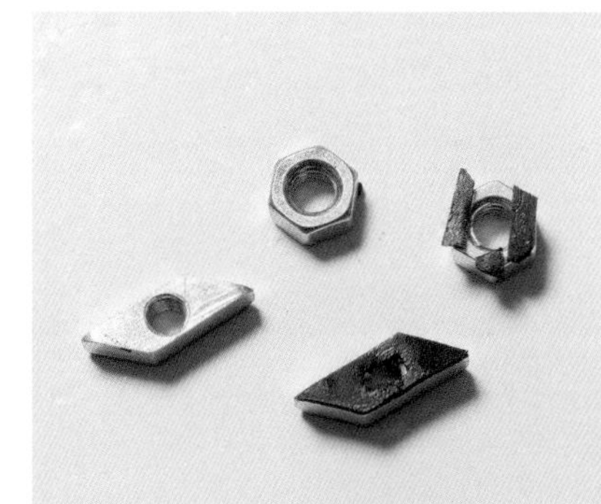

キット付属のフォグランプステー固定用の六角ナットとひし形ナットに、ボルト穴を空けた上で両面テープを貼り付ける（右が加工後）

20

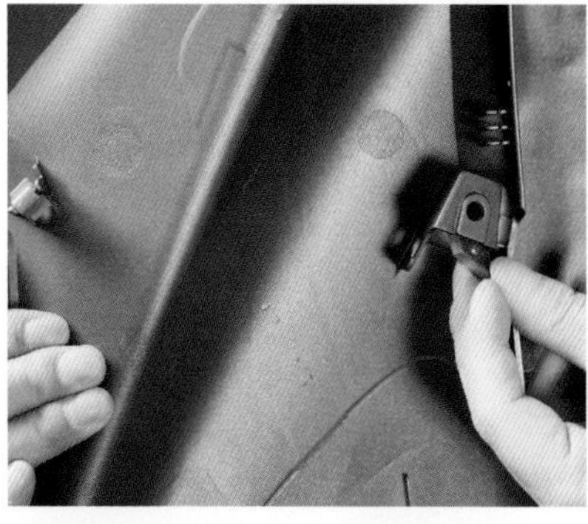

フロントサイドカバーの写真位置のトリムクリップ取付穴にひし形ナットを穴の位置を合わせて貼り付ける（カバー側貼り付け部は掃除、脱脂しておく）

21

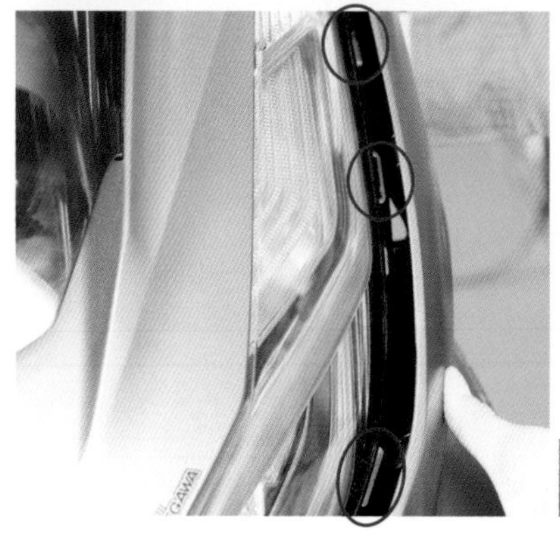

フロントサイドカバーを戻していく。まずヘッドライト脇の爪を上から被せるように噛み合わせていく

22

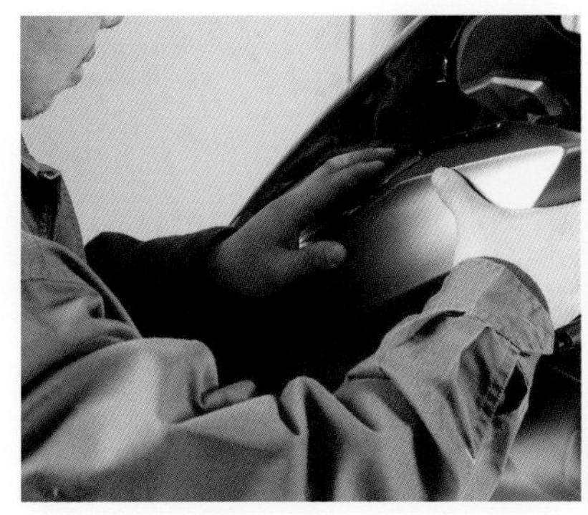

続いて横から押すようにして残りの爪を取り付ける

23

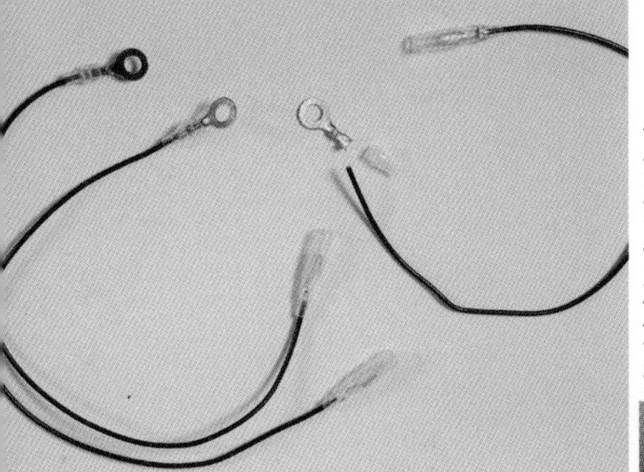

キットには3本のアース線が付属する。電工ペンチを使い一方に丸端子、もう一方にギボシ端子を取り付ける

24

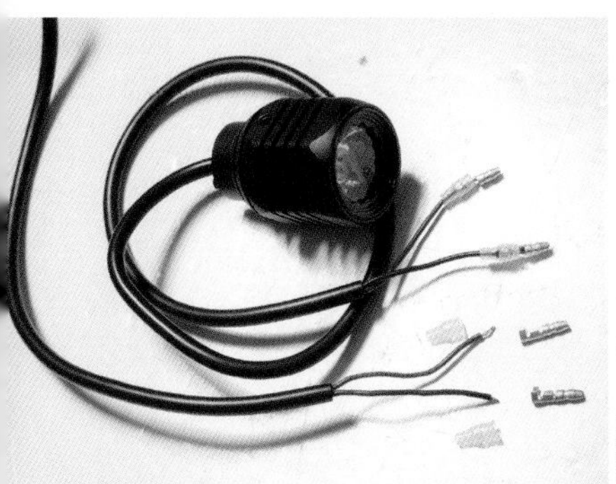

フォグライトの配線にもギボシ端子を取り付けておく

25

26 アース線を接続するために、右フロントフォーク付け根にあるECUステーを留めるボルトを10mmレンチで抜き取る

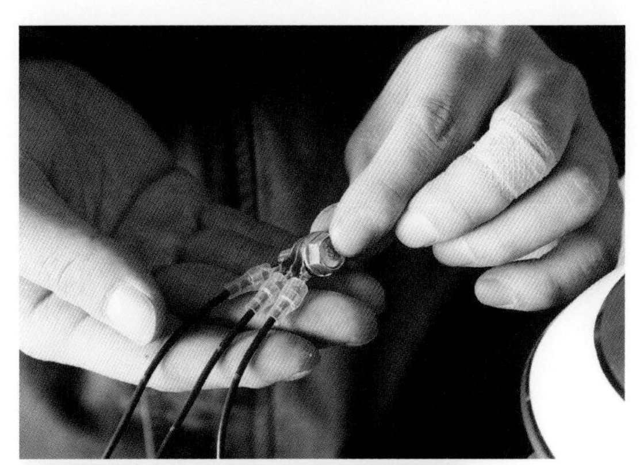

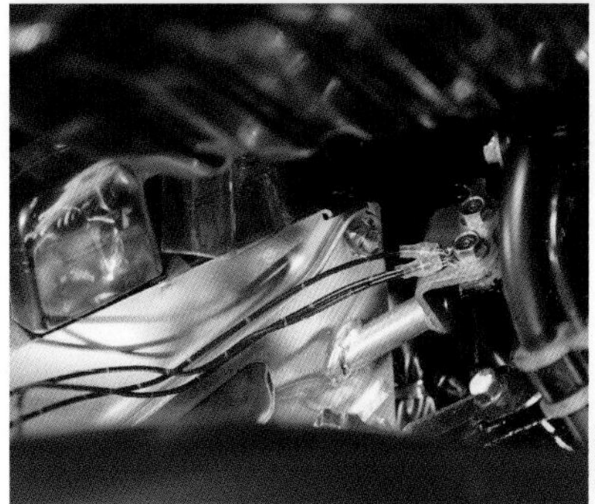

外したボルトに3本のアース線を差し、元の位置に留める

27

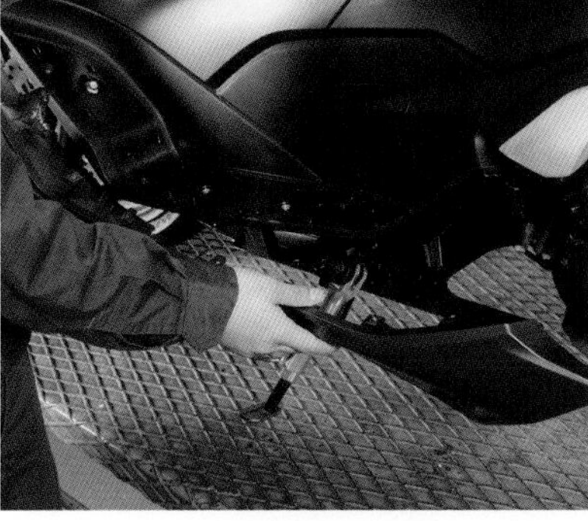

先端のトリムクリップ穴の裏面に20の六角ナットを貼り、フロアサイドカバーを車体に戻す

28

フロントロアカバーを車体にセットし、21 28でナットを貼り付けた以外の部分をトリムクリップで留める

29

LEDフォグランプ用のステーにボルト、カラーを取り付ける。ボルトは上が太くなっている。またこのステーは左右別で、ランプ取付部が僅かに曲がっている方が車体中央側にくるように組み合わせる

30

POINT

31 ステーをナットを貼り付けた穴にボルト留めする。ネジ山が噛む前に押し過ぎるとナットが脱落するので注意

2タイプ付属するうち、アームの長い方のコの字型ステーを先ほど取り付けたステーにボルトとナットで仮留めする

32

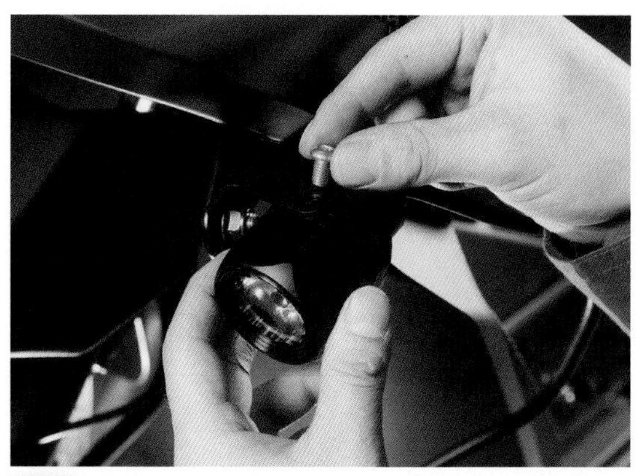

33 コの字ステーに付属ボルトでLEDランプを自然に動かない程度に仮留めする

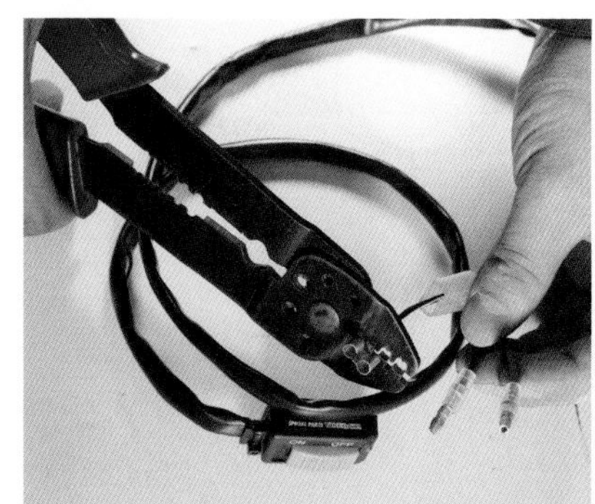

付属するスイッチの配線にギボシを付ける。緑/白線にダブルメスギボシを、残りの線にオスギボシを取り付ける

34

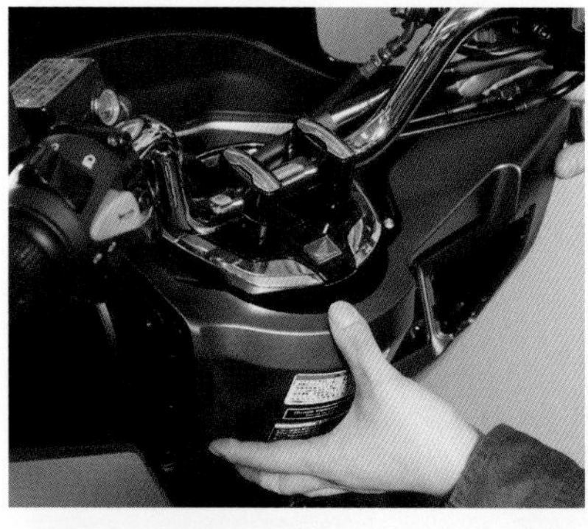

インナーカバーアウターを元に戻す

35

ハンドル前方の隙間からスイッチの配線を入れていく

36

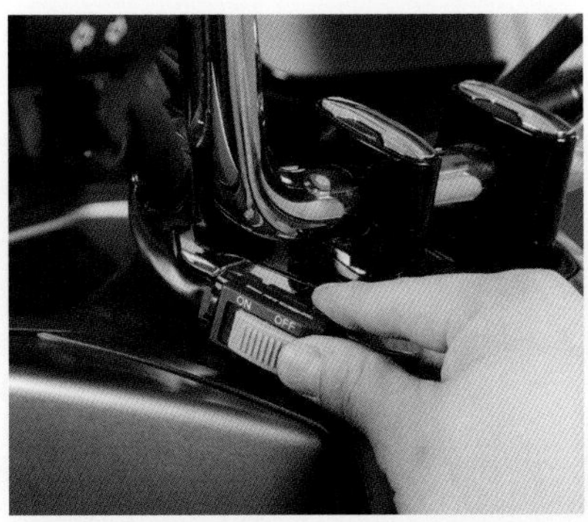
ハンドル操作等の邪魔にならず、操作しやすい位置にスイッチを貼り付ける
37

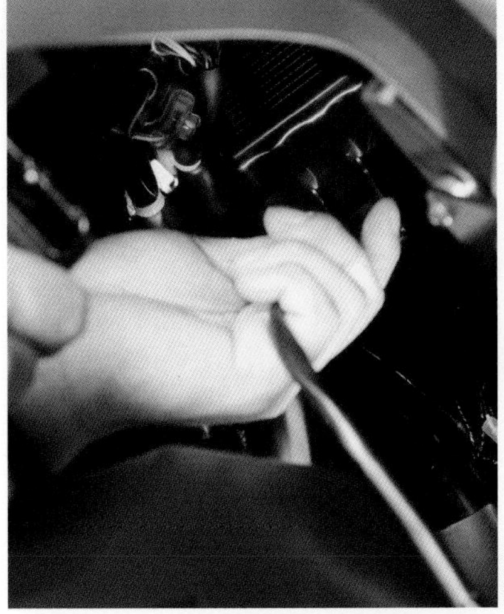
36で差し入れたスイッチ配線をホイール側に下ろしていく。ハンドルを左右に切り、足周り部品に当たったり挟まれない位置にすること
38

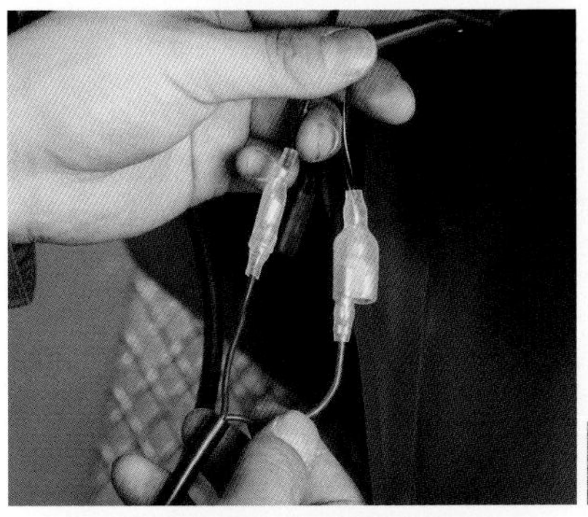
LEDフォグランプを結線していく。黒線をアース線に、赤線をスイッチ配線のダブルギボシ（黒白線）に接続する
39

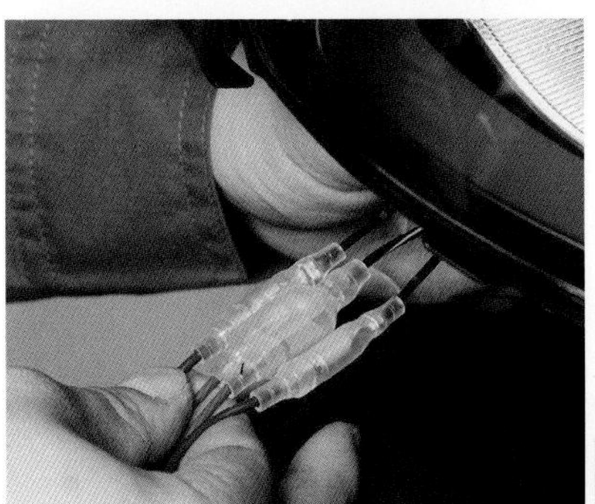
もう一方のLEDランプも同様に結線する
40

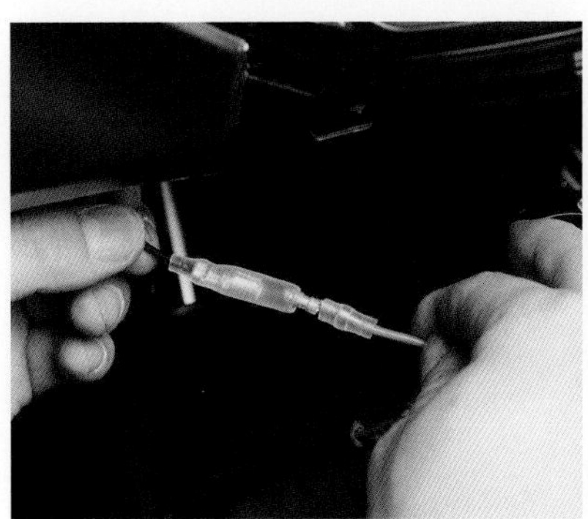
残ったアース線は、スイッチ配線の緑線に接続する
41

電源を取る結線をしていく。フロントブレーキレバー根元にあるブレーキスイッチから黒線の端子を抜く
42

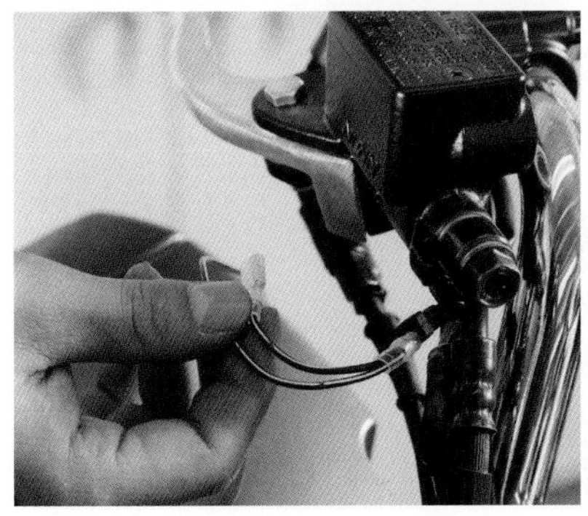
外した黒線の端子にキット付属の電源オプションコードのオス平端子を差す
43

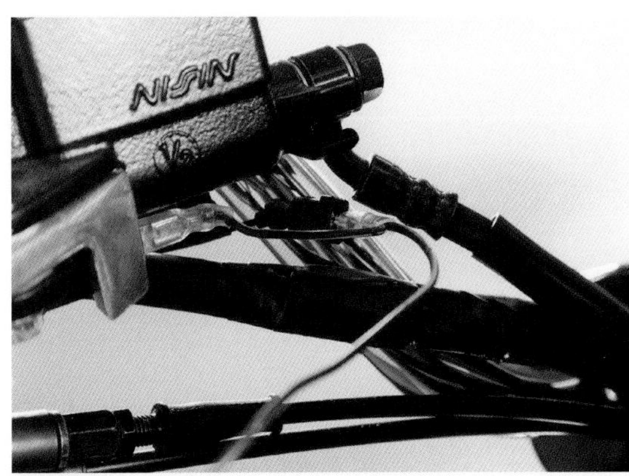

44 電源オプションコードのメス平端子をブレーキスイッチに差し込む

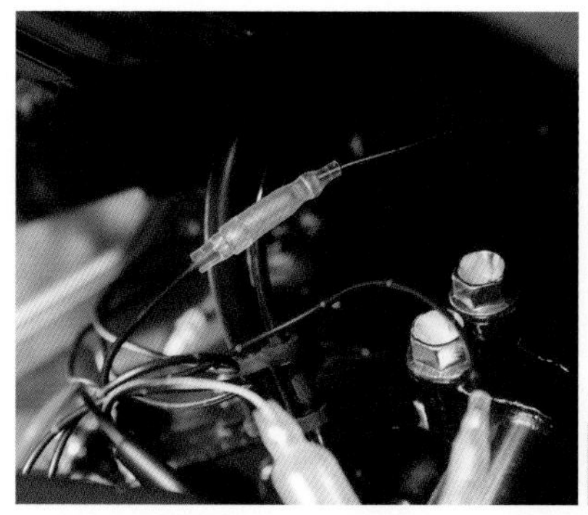

電源オプションコードをハンドル前の隙間から車体下に通し、その端子をスイッチの黒線に接続する

45

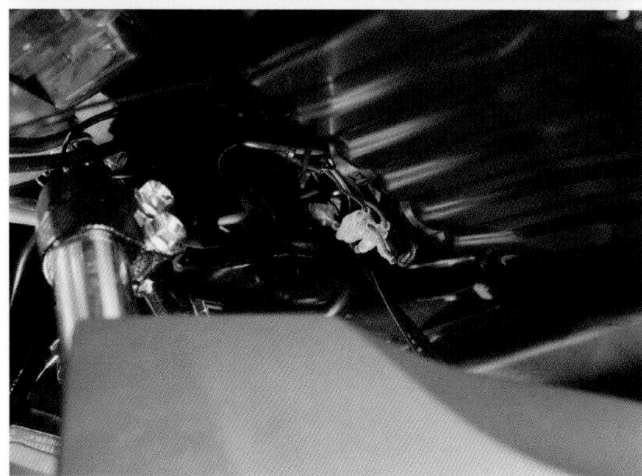

46 接続が終わった配線を足周り部品に干渉しない位置に配置し、付属の結束バンドで留める

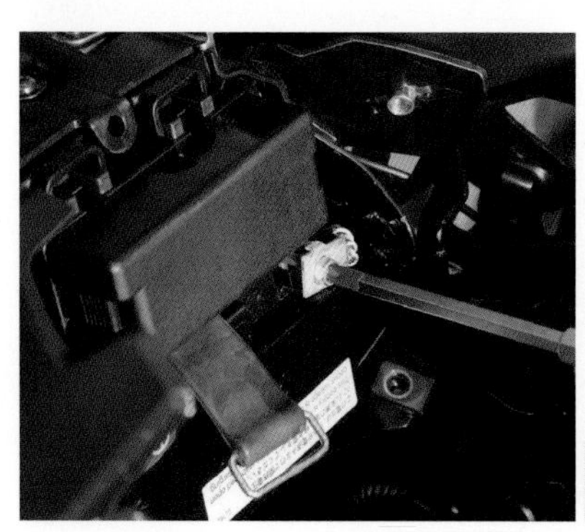

LEDランプの点灯確認をするため、外しておいたバッテリーのマイナス端子を接続する

47

イグニッションスイッチとLEDランプ用スイッチをONにした時点灯すればOK。ダメなら配線接続の組み合わせや端子の取り付け具合を確認すること

48

ランプが点灯した状態で光軸が対向車や先行車、歩行者を幻惑しない位置になるよう、コの字ステーの角度を調整する

49

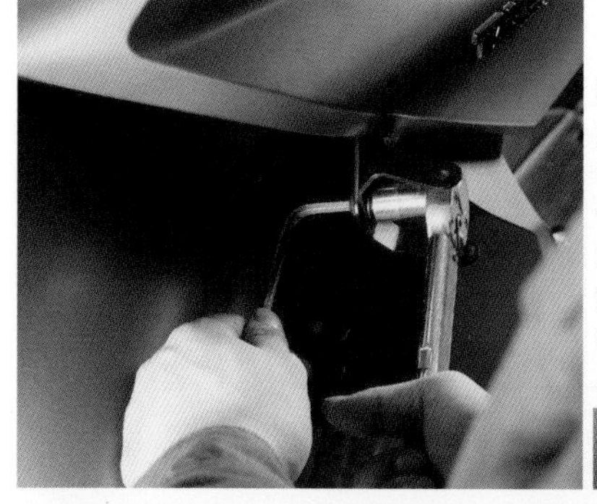

LEDランプを外し、5mmヘキサゴンレンチと12mmレンチでコの字ステー固定ナットを本締めする。指定トルクは15N・m

50

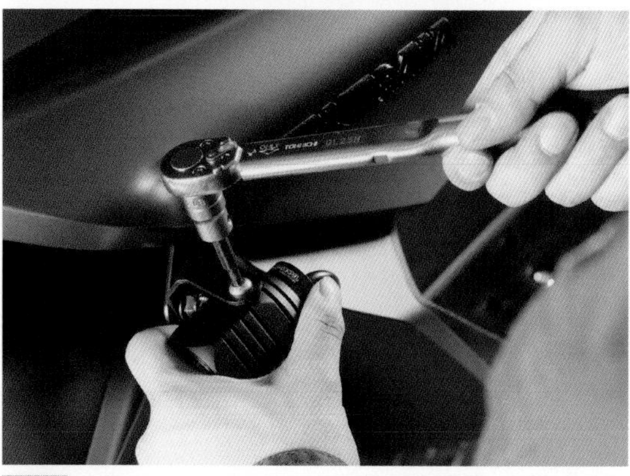

51 再度LEDフォグランプを取り付け光軸を調整。4mmヘキサゴンレンチで固定ボルトを8N・mのトルクで締め完成だ

PCX CUSTOM PARTS CATALOG

PCX カスタムパーツカタログ

完成度の高いPCXだが、そこからさらにスタイル、実用性を高めるパーツが多数販売されている。ここではそんなカスタムパーツを紹介していくので、愛車のカスタムプランに役立ててほしい。

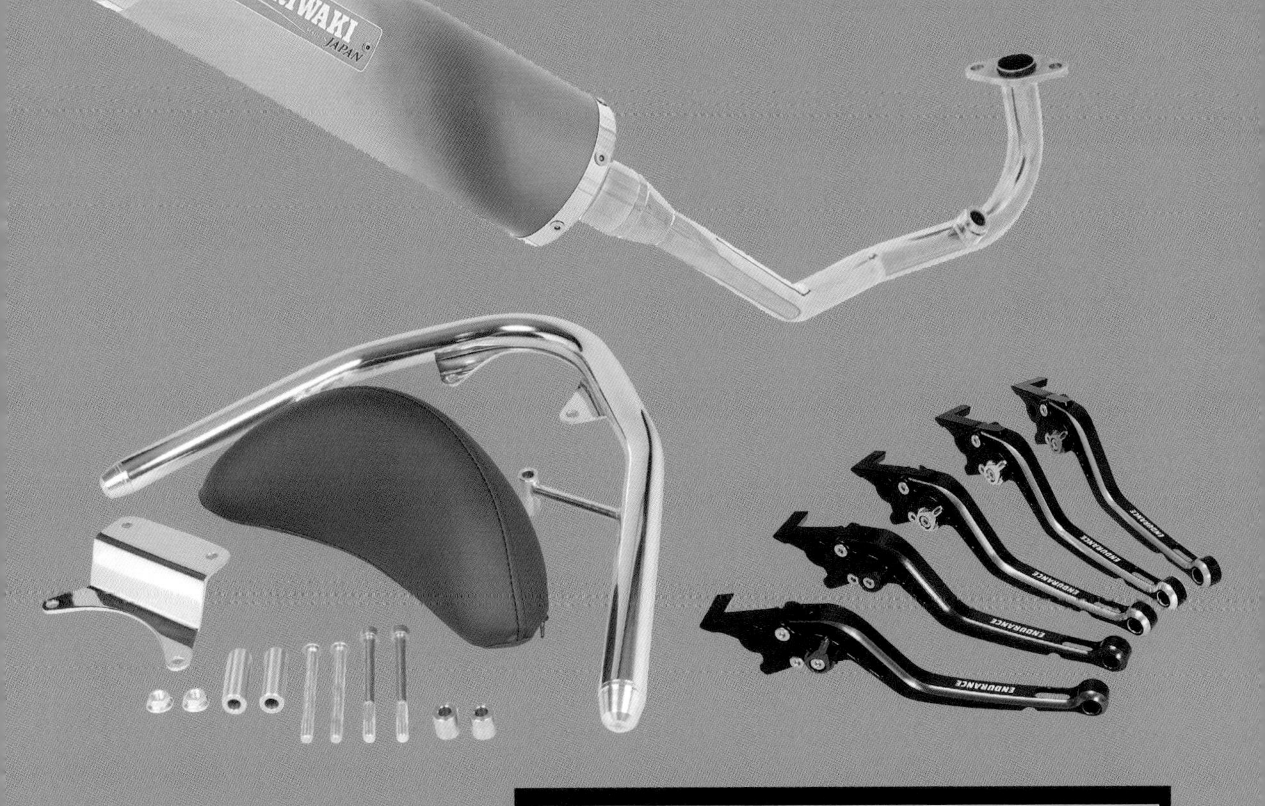

WARNING 警告

● 本書は、2024年2月29日までの情報で編集されています。そのため、本書で掲載している商品やサービスの名称、仕様、価格などは、製造メーカーや小売店などにより、予告無く変更される可能性がありますので、充分にご注意ください。価格はすべて消費税（10%）込みです。

Exhaust System
マフラー

性能、ルックス、サウンドと大きなカスタム効果が得られるマフラー。充分吟味して選びたい。

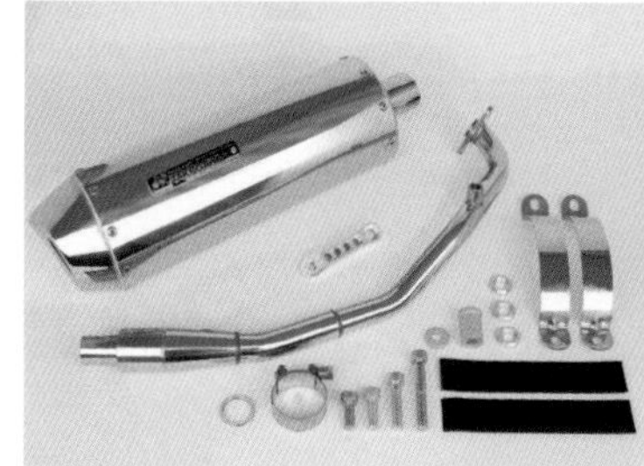

コーンオーバルマフラー

コーン形状のエンドを持つオーバルサイレンサーが個性を発揮する1本。'21～'22モデル適合で安心の政府認証品。オールステンレス製で耐久性も高い。PCXおよびPCX160用

スペシャルパーツ武川　¥64,350

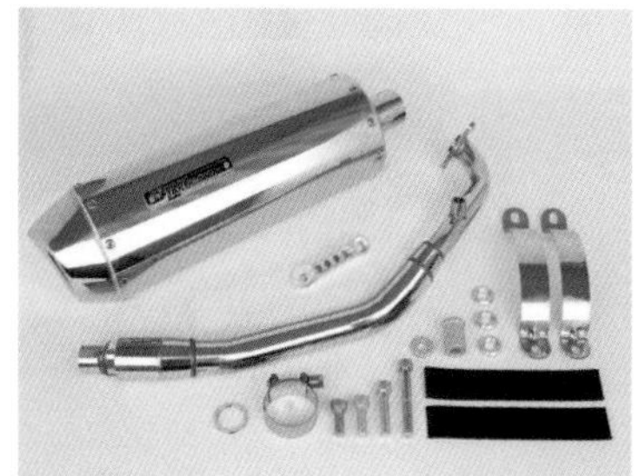

コーンオーバルマフラー

'23年式以降のPCXおよびPCX160適合のマフラーで、オーバル形状の本体にコーン形状のエンドを組み合わせたサイレンサーが特徴。政府認証品でPCXでの近接排気音量は90dBとなる

スペシャルパーツ武川　¥76,780

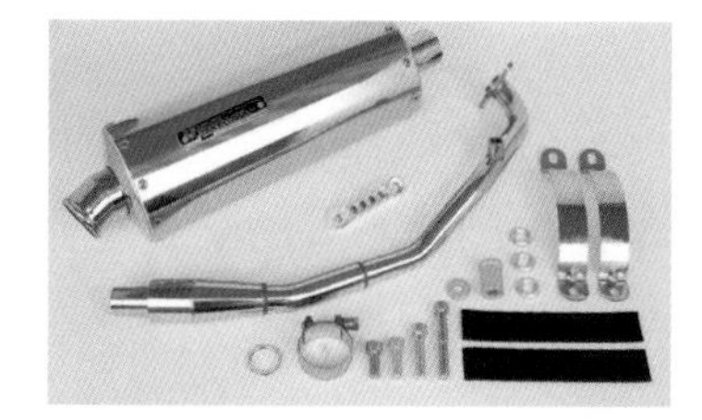

パワーサイレントオーバルマフラー

高い排気効率と抜群の存在感を実現しつつ静粛性も兼ね備えたマフラー。'21～'22年モデルのPCXとPCX160用。政府認証品

スペシャルパーツ武川　¥53,680

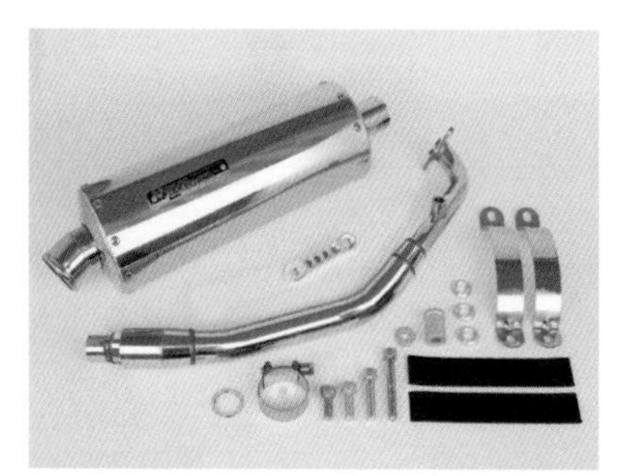

パワーサイレントオーバルマフラー

新排気ガス規制が適用された'23年式以降のPCXおよびPCX160に適合する、排気音量に配慮しながら排気効率を向上させたマフラー。政府認証品で近接騒音はPCXで84dB

スペシャルパーツ武川　¥74,800

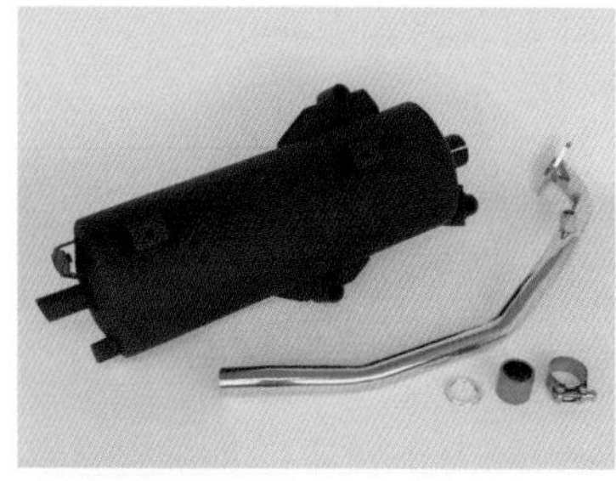

スポーツマフラー（ノーマルルック）

純正マフラープロテクターとテールキャップカバーの装着が可能で、純正スタイルを維持しつつ高い排気効率を可能とした高性能マフラー。'23年以降のPCXとPCX160に適合。政府認証品

スペシャルパーツ武川　¥58,080

機械曲 GP-MAGNUM105サイクロン STB

シンプルな丸型サイレンサーのマフラーで開け始めから豊かなトルクを実現。STBはチタンブルーカバー仕様だ。'23～PCX用

ヨシムラジャパン　¥80,300

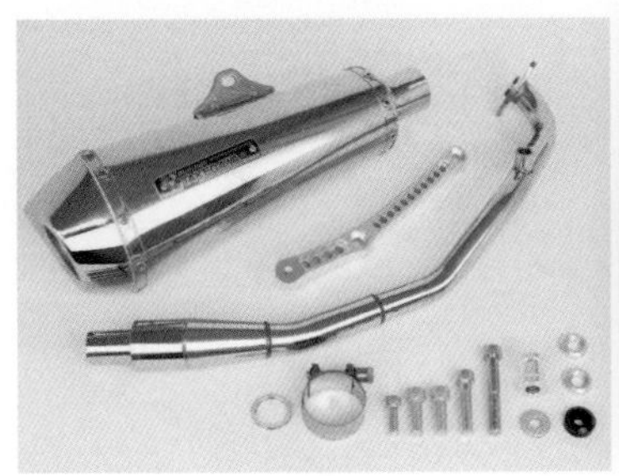

テーパーコーンマフラー
円から楕円へと変化するテーパーサイレンサーが目を引くオールステンレスマフラー。'21～'22年のPCX/PCX160に適合する政府認証品。エキゾーストパイプガスケット付属
スペシャルパーツ武川　¥56,650

フルエキゾースト ZERO SUS
丸形サイレンサーにテーパーエンドを組み合わせスタンダードでありながら個性を持つオールステンレス製マフラー。'23モデルのPCX、PCX160に適合する政府認証品
モリワキエンジニアリング　¥62,700

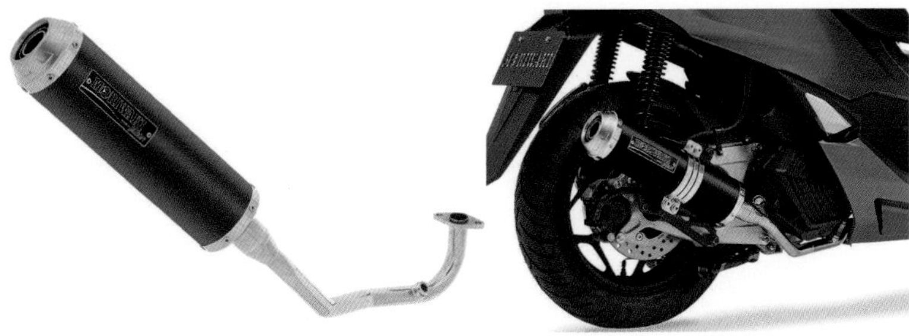

フルエキゾースト ZERO BP-x
耐久性のあるステンレスをブラックパール・カイ加工にてブラックアウトしたサイレンサーがポイント。重量3.4kgで安心の政府認証品。'23年以降のPCXおよびPCX160に適合
モリワキエンジニアリング　¥68,200

機械曲 R-77S サイクロン カーボンエンド SSFC
カーボンエンドを持つ多角形R-77Jサイレンサーを一回りコンパクトにしたサイレンサーを採用。低回転域では上品な低音、アクセルを開けると高揚させるサウンドを奏でる。'23～PCXに適合する
ヨシムラジャパン　¥79,200

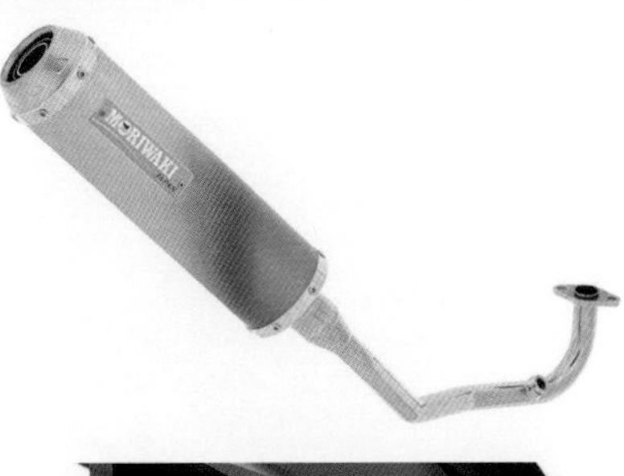

フルエキゾースト ZERO ANO
アノダイズド加工されたチタンサイレンサーが強烈なアイキャッチとなっているマフラー。'23～PCX、PCX160用。政府認証品
モリワキエンジニアリング　¥68,200

機械曲 GP-MAGNUM105 サイクロン SSF
歯切れのよいサウンドが魅力のマフラーで高回転まで爽快な走行フィールも自慢。SSFはサテンフィニッシュ仕上げとなる。'23～PCX用
ヨシムラジャパン　¥69,300

機械曲 R-77S サイクロン カーボンエンド STBC

マフラーカバーにチタンブルーを採用したR-77Sマフラー。重量は同マフラー最軽量の3.1kgを実現している。'23～PCX用

ヨシムラジャパン　¥90,200

機械曲 R-77S サイクロン SSFC

'21年以降のPCX160用で、アクセル開け始めから豊かなトルクを発揮し、高回転まで爽快な走行フィールを実現している。政府認証品で SSFCはマフラーシェルにサテンフィニッシュ仕様を使う

ヨシムラジャパン　¥79,200

機械曲 R-77S サイクロン STBC

カスタム感を大いに高めるチタンブルーカバーを使った高性能マフラー。'21年以降のPCX160用で政府認証品となっている

ヨシムラジャパン　¥90,200

R2マフラー ステンレス

さらに厳しくなった排ガス規制をクリアしつつ全域でのパワーアップを実現したオールステンレス製マフラー。'23年モデルのPCXに適合する

エンデュランス　¥55,000

R2マフラー チタングラデーション

長年レースを戦ってきたエンデュランスのノウハウが投入された高性能マフラー。サイレンサー外筒は美しいグラデーションを持つチタンとしている。'23～ PCX用。排気ガス規制適合品

エンデュランス　¥66,000

hi-POWER SPORTS マフラー TYPE R ステンレス

安心の政府認証品ながら心揺さぶるサウンドと全域パワーアップを実現したオールステンレスマフラー。'23～PCX用

エンデュランス　¥42,900

hi-POWER SPORTS マフラー TYPE R チタングラデーション

性能、サウンド、耐久性の全てにこだわって作られた高品質マフラー。政府認証品なので安心してカスタムを楽しめる。チタンならではのグラデーションは人目を引くこと間違いなし。'23～PCX用

エンデュランス　¥51,700

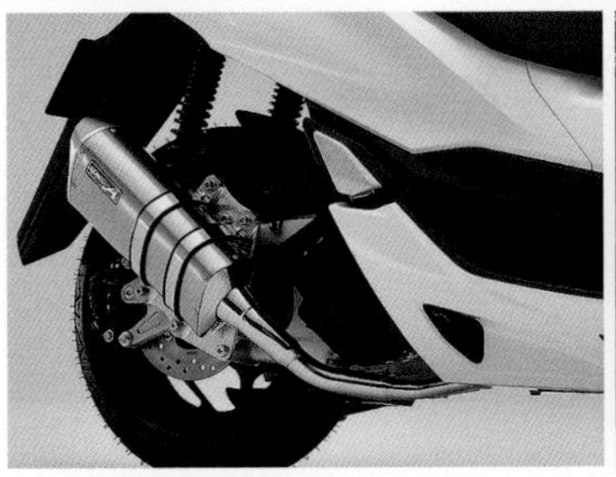

SUS TYPE-SA

ステンレスエキゾーストパイプに三角形のチタンサイレンサーを組み合わせた個性的な1本。音量は88dBで認証制度適合品。PCX の '21～'22年モデルに適合する

ヤマモトレーシング ¥77,000

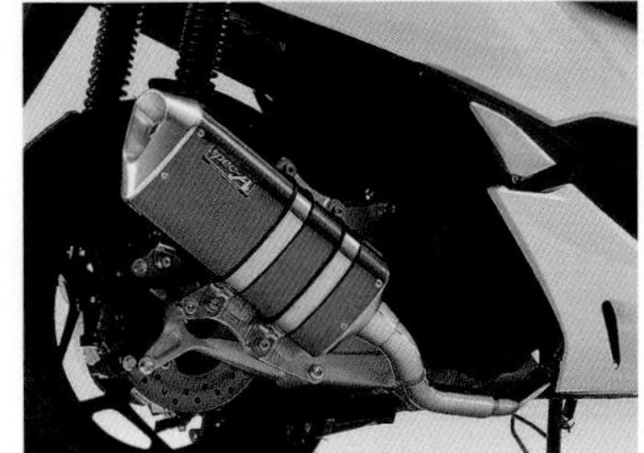

SUS TYPE-SA ゴールド

'21～'22年モデルPCXに適合するマフラーで、ゴールド加工された三角形チタンサイレンサーが特徴。政府認証制度適合品

ヤマモトレーシング ¥83,600

ロイヤルマフラー ポッパータイプ

落ち着きのあるデザインでシンプルに仕上げたマフラー。オールステンレス製で、取り付けはバンドを使った2点留めとなる

ウイルズウィン ¥37,950

ロイヤルマフラー バズーカータイプ

排圧によるコントロールで低速から高速までスムーズな走行を実現。ローダウン対応品。バッフル装着時の音量は約88db

ウイルズウィン ¥37,950

ロイヤルマフラー スポーツタイプ

上質のグラスウール、スチールウールを使い静音で重低音なサウンドを生むマフラー。オプションでチタン仕様がある

ウイルズウィン ¥37,950

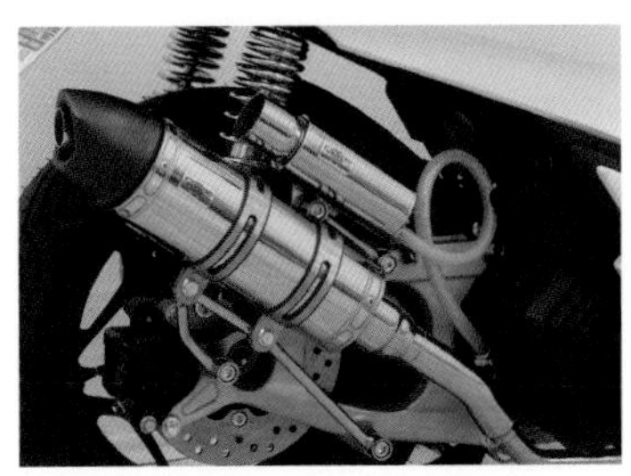

ロイヤルマフラー ユーロタイプ

独特なエンドが個性を生むユーロタイプサイレンサー採用。ローダウン車に対応しつつセンタースタンドもそのまま使用できる

ウイルズウィン ¥42,350

ロイヤルマフラー ユーロタイプ ブラックカーボン仕様

サイレンサーにブラックカーボンを使ったロイヤルマフラーユーロタイプのオプション仕様。その存在感は満点だ

ウイルズウィン ¥53,350

ロイヤルマフラー スポーツタイプ チタン仕様

ロイヤルマフラースポーツタイプのオプション仕様で、美しいカラーのチタンをサイレンサーに採用。性能面でも優れたマフラーだ

ウイルズウィン ¥48,950

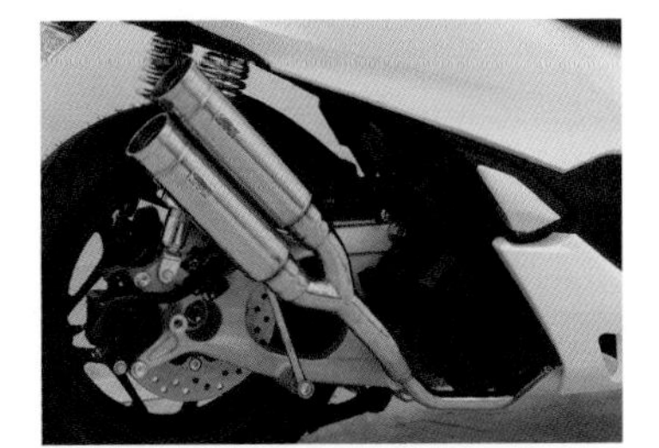

アトミックツインマフラー バズーカータイプ

サイレンサーをできるだけ短くし、車体のラインに調和させた2本出しタイプマフラー。段付きエンドのバズーカータイプだ

ウイルズウィン ¥45,100

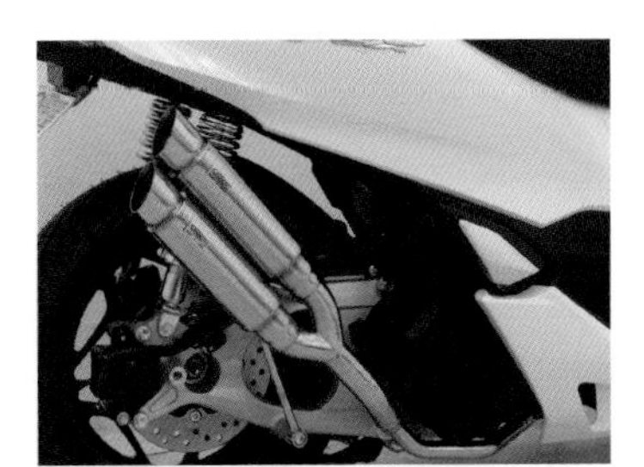

アトミックツインマフラー ポッパータイプ

スラッシュカットエンドがカスタム心を刺激する2本出しマフラー。素材は耐久性の高いステンレスを使用している

ウイルズウィン ¥45,100

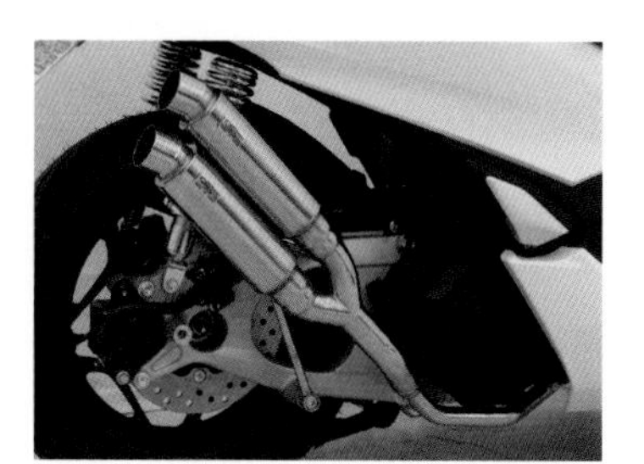

アトミックツインマフラー スポーツタイプ
角度の付いたエンドがスポーティさを生む2本出しマフラー。エキパイにO_2センサー取付可能。ステンレス製
ウイルズウィン ¥45,100

エキゾーストマフラーガスケット H-06
マフラー交換時、必ず交換したいマフラーガスケット。これは純正同形状の補修品で、1個単位での販売となる
キタコ ¥308

エキゾーストマフラーガスケット XH-06
一度使用すると潰れて再使用できないエキゾーストガスケット。マフラー交換時はこれを使おう。こちらは2個セットとなっている
キタコ ¥550

Around Handle ハンドル周辺パーツ

ハンドル周りには実用性を高めるアイテムが多数揃う。自分のセンスと使い方に合わせて選びたい。

ランツァミラー
ブラックボディにアクセントラインを組み合わせたユニークなミラー。ラインのカラーはブルー、レッド、イエロー、グリーン、ホワイト
キタコ ¥5,280

GPRミラー タイプ1
スマートなデザインでスポーティさを演出するミラー。保安基準適合品でピロボールで角度調整ができる。1本売り
キタコ ¥1,980

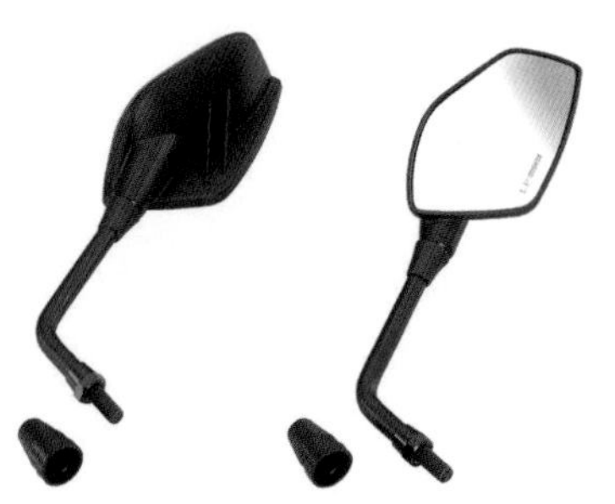

GPRミラー タイプ3
個性あふれるボディで人目を引くミラー。ミラーは平面鏡を使用する。'07年保安基準適合品で販売は1本単位となる
キタコ ¥2,200

GLミラー カーボンルック
カスタムスタイルをもたらすカーボンルックのミラー。鏡面サイズは縦85mm、横155mmとなる。左右セット
KN企画 ¥3,960

KOSO TTミラー KNバージョン
KN企画特注カラーバージョンのKOSO製ミラー。ブラック、ツヤなしブラック、レッド、カーボンルック等、13種類をラインナップする
KN企画 ¥5,830/6,490

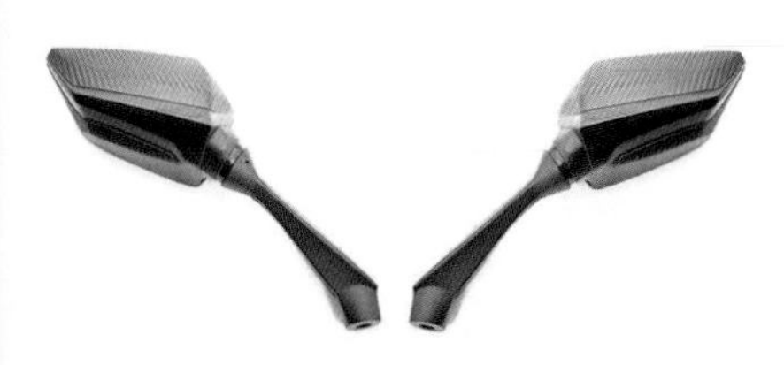

KOSOスプリントスタイルミラー
振動に強いアルミ製アームを用いたシャープなミラー。鏡面が大きく視野も広い。レンズカラーはクリアとブルーの2種から選ぼう
KN企画 ¥7,040/7,975

KOSOバックミラー GTミラー
縦60mm、横145mmの五角形ミラーはクリアレンズとブルーレンズを設定。ほぼ全車対応できるよう多彩な変換アダプターが付属する
KN企画 ¥5,390/5,830

KOSOバックミラー ブレイドミラー
シャープな薄型ミラーでハンドル周りに軽快感をプラス。ミラー本体はカーボンルックでレンズカラーはクリアとブルーがある
KN企画 ¥6,435/6,996

KOSO バックミラー SOARINGミラー

貝殻を思わせる独自デザインを採用した個性派ミラーで、レンズカラーはブルーとクリアからセレクトすることができる

KN企画　¥8,690

KOSO バックミラー ラウンドビューミラー

丸形で後方視界が広いミラーは、振動に強いアルミ製アームと組み合わされ実用性抜群。多くの車種に対応できる変換アダプターが付属

KN企画　¥7,997

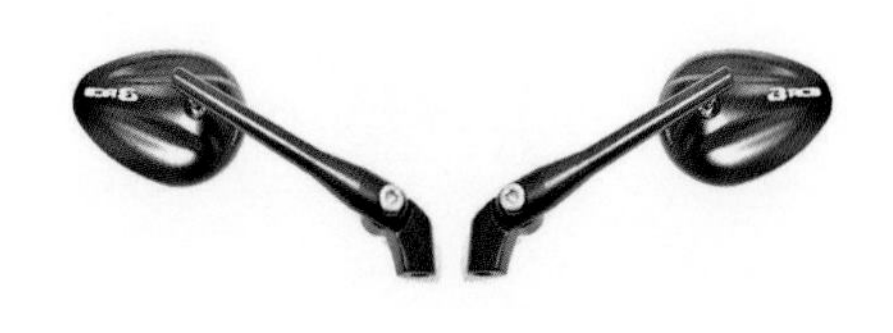

RCB CNCバックミラー

振動に強いアルミ削り出し製のミラー。鏡面が大きく後方視界も広い。ブラック、ブルー、ゴールド、シルバー、レッドの 5色設定

KN企画　¥8,690

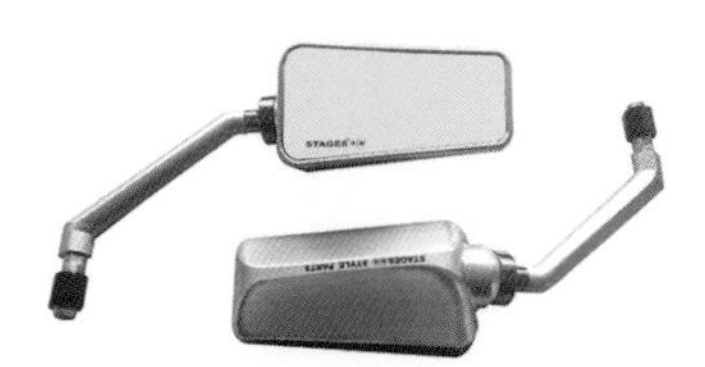

STAGE6バックミラー

シルバー、メッキ、カーボン2種、ブラック2種、ホワイトのボディカラーと、クリアとブルーのレンズの組み合わせから選べるミラー

KN企画　¥5,390

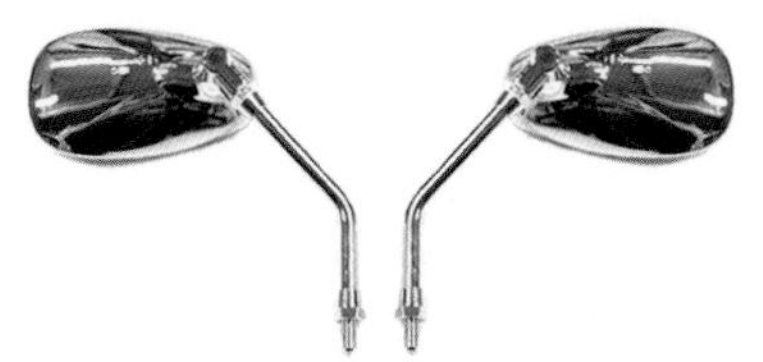

楕円型メッキバックミラー

シンプルで親しみやすい形状のミラーでメッキ仕上げされる。左右セットで、いずれも正ネジタイプとなっている

KN企画　¥3,190

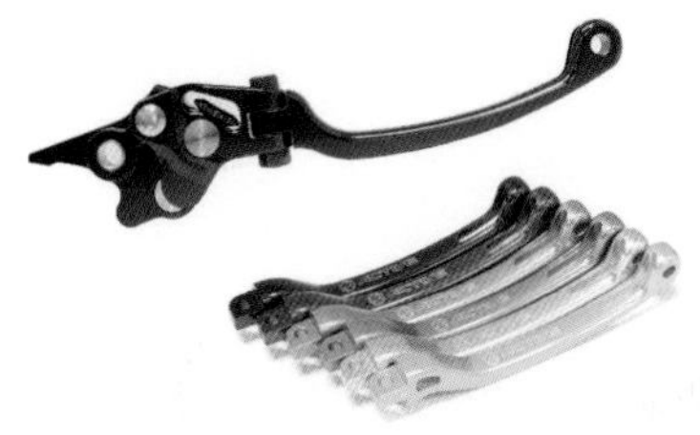

STF レバー

黒、赤、金、青、緑、ガンメタの6色から選べるレバー。右用は21段階、左用は16段階でレバー位置が調整できる

アクティブ　¥12,100/13,200

アジャスタブルレバー左右セット スライド可倒式

レバー長が約147～182mmに調整できる可倒式レバー。ブルー、レッド、ゴールド、シルバー、ブラックのカラーが選べる

エンデュランス　¥18,700

アジャスタブルレバー左右セット可倒式

転倒時に折損の可能性を低減できる可倒式のブレーキレバー。レバー位置の調整もできる。カラーは青、赤、金、銀、黒の5種

エンデュランス　¥15,730

アジャスタブルレバー左右セット

レバー位置を6段階に調整できるアルマイト仕上げが美しいブレーキレバー。カラーは青、赤、金、銀、黒を設定。左右セット

エンデュランス　¥12,430

アジャスタブルレバー左右セット HG

黒をベースにブルー、レッド、ゴールド、シルバーの差し色が選べるレバーで、レバー位置が6段階で選べる機能性の高さも魅力。左右セットとなっている

エンデュランス　¥15,730

アジャスタブルレバー左右セットマット

落ち着きのあるマット仕上げを採用した位置調整式レバーのセット。色はブルー、レッド、ゴールド、シルバー、グリーン、ブラックあり

エンデュランス　¥12,650

可倒式アジャスタブル レバーセット フラットタイプ
可倒式、6段階位置調整が可能なBIKERS製アルミレバー。レバー長は168mmでカラーは11色から選ぶことができる
プロト　¥16,500

可倒式アジャスタブル レバーセット カーブタイプ
レバー表面に指を掛ける凸部がある位置調整式レバー。転倒時の折損に強い可倒式でレバー長は148mm。全11色ラインナップ
プロト　¥15,400

プレミアム 可倒式アジャスタブル レバーセット
精巧な削り出しで作られたプレミアム仕様。可倒式でレバー位置は6段階に調整可能。黒ベースで差し色は銀、グレー、赤、ライトゴールド
プロト　¥27,500

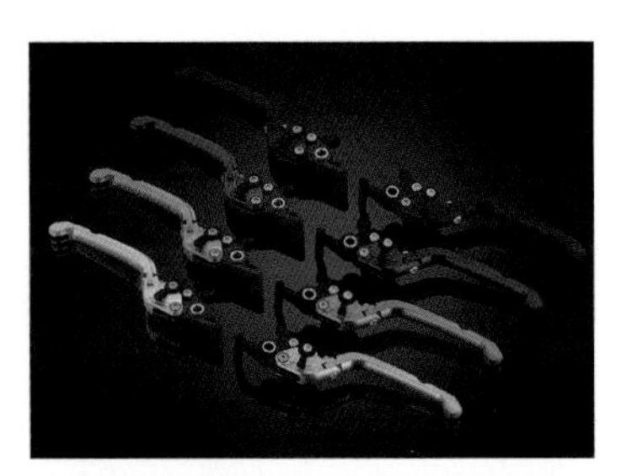

プレミアム 可倒式アジャスタブル レバーセット
右上のレバーとは違いメインカラーを銀、グレー、赤、ライトゴールドから選べるようにした高品質レバー。機能面もプレミアムなアイテム
プロト　¥27,500

6段階アジャスター 可倒式 ブレーキレバーセット
レバー前面に滑り止め溝加工をしつつ角を極力無くして操作性を重視したレバー。レバー位置は6段階に調整でき、また可倒式となっているため折損にも強い。全5色が揃う、左右セット
SNIPER　¥12,980

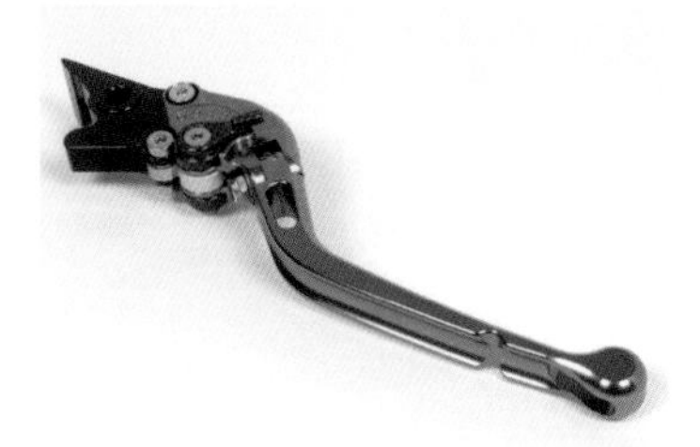

アルミビレットレバー(可倒式)(ブレーキレバー)
転倒時、折損しにくい可倒式の右ブレーキレバー。レバー位置は6段階で調整できる。アルミ製で3種のカラーアルマイトが施される
スペシャルパーツ武川　¥20,900

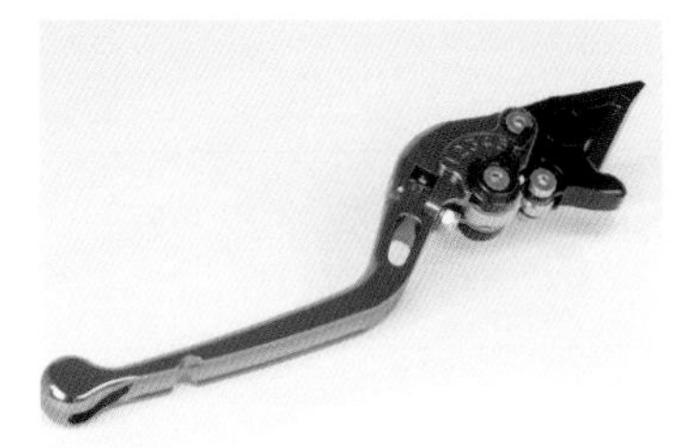

ビレットレバー（可倒式）L.レバー
握りやすい形状と操作性を求めアルミ削り出しで作られた可倒式左レバー。レバー位置は6段階で調整できる
スペシャルパーツ武川　¥20,900

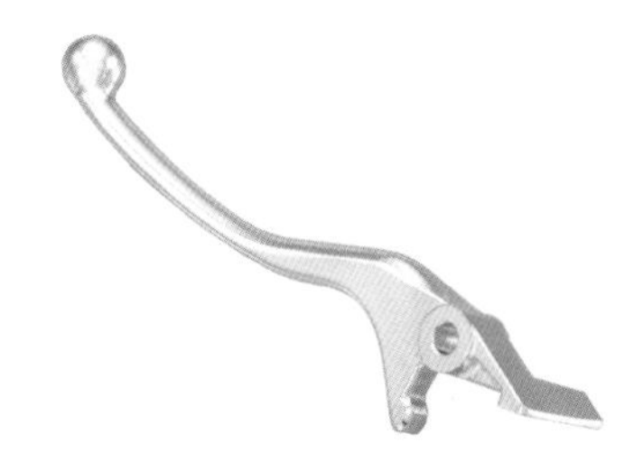

左側レバー
純正と同仕様の補修用レバーで、純正品番53178-K04-931に適合。ぐらつき調整用のシムが付属する
キタコ　¥1,980

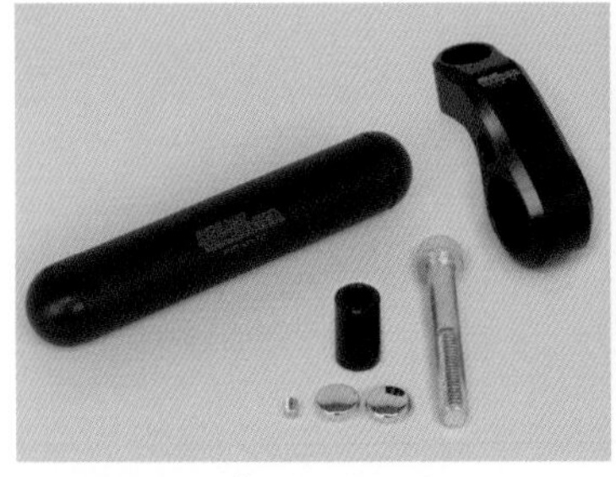

マルチステーブラケットキット
ハンドルクランプタイプのアクセサリーが取り付けられるΦ22.2mmのパイプをハンドルバークランプに取り付けるキット。素材はアルミ製でカラーはシルバーとブラックから選べる
スペシャルパーツ武川　¥7,040

マルチステーブラケットキット（クランプバー）
ミラー取り付け部に装着するアイテム。パイプ部の直径は22.2mmでハンドルクランプタイプのアクセサリーが取り付けできる。黒もあり
スペシャルパーツ武川　¥5,280

クランプバーブラケット ミラーホルダー用

スマートフォンホルダーなどの取り付けに便利なミラーホルダー取り付けタイプのクランプバー。カラーはブラック、シルバー、メッキあり

アルキャンハンズ ¥2,662

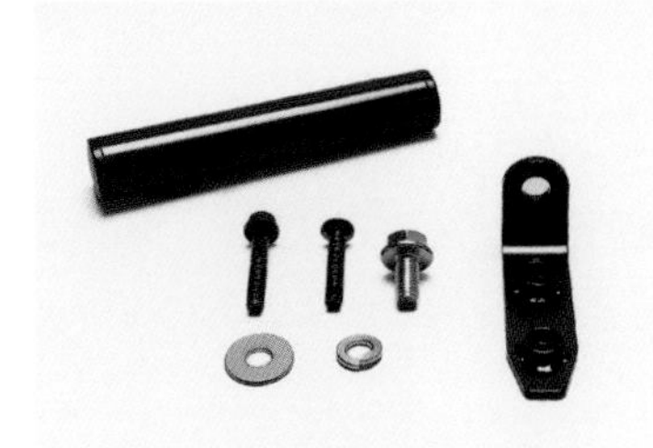

汎用マルチバーセット

マスターシリンダーホルダーに共締めして取り付けるパイプ径22.2mmのマルチバー。別売のヘルメットホルダーと同時装着可能

エンデュランス ¥3,960

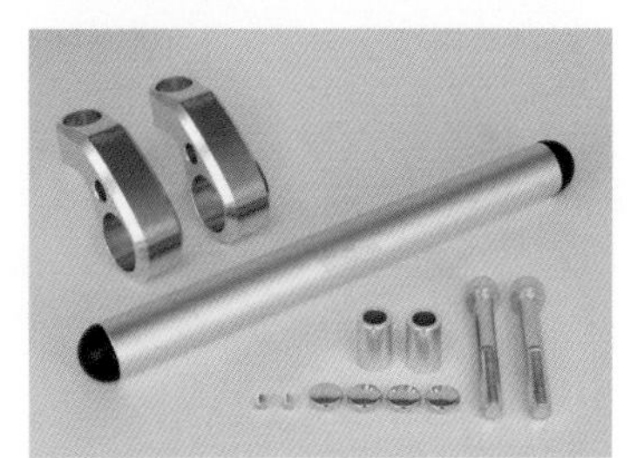

ハンドルガード

Φ22.2mmのパイプを採用しているため、ハンドルクランプタイプのアクセサリーが取り付けられる。カラーはシルバーとブラックあり

スペシャルパーツ武川 ¥10,450

スマートフォンマウントバー

ハンドルのハンドルクランプ間にマウントするというオリジナリティ溢れるアイテム。バーを横方向に回転させることもできる。車種専用設計ならではのジャストサイズさに注目

ワールドウォーク ¥3,300

マルチマウントバー SC

ボルトオンで簡単取り付けできるステー付属のマルチマウントバー。各種アクセサリーのマウントに。赤いカラーがワンポイントとなる

デイトナ ¥6,600

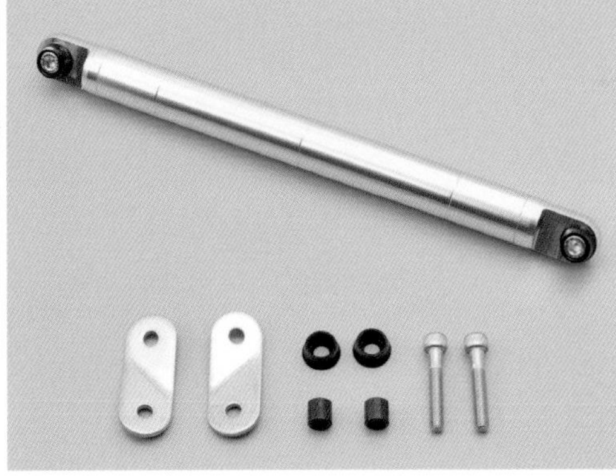

マルチマウントバー SC

各種アクセサリーが取り付けられるΦ 22mm パイプをボルトオンで装着できるキット。マスターシリンダークランプ部に取り付ける

デイトナ
¥6,600

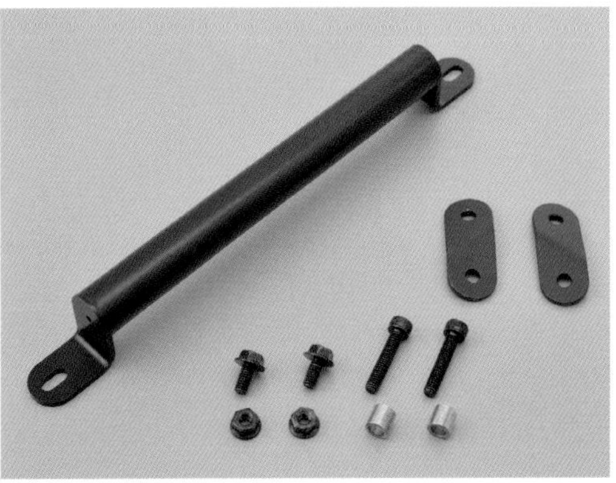

マルチマウントバー FE

同社製マルチマウントバーに新登場したシンプルモデル。存在を主張しないブラックボディ＆ステーを採用する。スチール製黒塗装仕上げ

デイトナ
¥4,180

ハンドルクロスバー D

中央部を細くすることで個性を追加したハンドルクロスバー。太い部分の直径は22.2mmでハンドルクランプタイプのアクセサリーが取り付けできる。カラーは青、赤、金、銀、黒の5種類を用意

エンデュランス　¥4,950

ハンドルブレース

ハンドルバーの剛性をアップしよりダイレクトなハンドリングを生む。長さ調整式で様々なハンドルに対応。色は黒、銀、金の3タイプ

キタコ　¥8,800

ハンドルクロスバー S

アルミ削り出しで高級感のあるハンドルクロスバー。従来タイプに対し段付き部を無くしアクセサリー固定可能部を最大限に確保している。カラーは5タイプを設定する

エンデュランス　¥4,400

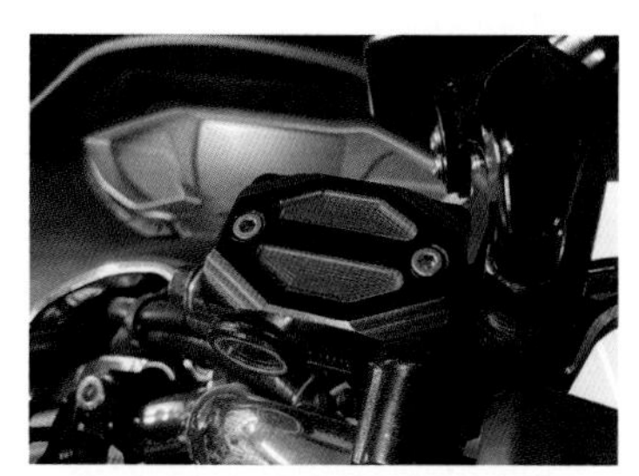

汎用マスターシリンダーキャップ HG

切削加工とアルマイト加工を交互に2度行なうことで2色カラーアルマイトを実現。カラーはレッド、ブルー、ゴールド、シルバーあり

エンデュランス　¥4,180

アルミマスターシリンダーキャップ タイプ1

雲台としても使えるX型プレートを持つマスターシリンダーキャップ。銀/赤、銀/金、黒/赤、黒/金の4カラーがある

キタコ　¥4,620

アルミマスターシリンダーキャップ タイプ2

ドレスアップ重視のアルミ削り出しマスターキャップ。ベースのカラーはシルバーとブラック、上部プレートの色はゴールドとレッドがあり、計4パターンをラインナップする

キタコ　¥5,060

アルミマスターシリンダーキャップ タイプ5

ハンドル周りに彩りを加えられる2ピース構造のマスターシリンダーキャップ。カラーはレッド、ゴールド、シルバー、ガンメタリックの4種設定

キタコ　¥4,400

マスターシリンダーキャップ

落ち着きのあるシルバー、ブラック、チタンゴールドのカラー設定がされたキャップ。モリワキロゴがライダー心をくすぐるはずだ

モリワキエンジニアリング　¥3,850

フロントマスターシリンダーキャップ
銀、グレー、チタン、黒、緑、青、紫、赤、オレンジ、オレンジゴールド、ライトゴールドの各色から選べるアルミ削り出し製キャップ

プロト ¥1,980

フロントマスターシリンダーキャップ
2カラーデザインを採用したアルミ削り出しのマスターシリンダーキャップ。カラーバリエーションは11種類をラインナップする

プロト ¥5,060

フロントマスターシリンダーキャップ
左のアイテムとは異なる2カラーデザインとしたマスターシリンダーキャップ。どちらを選ぶか迷うところ。全11のカラー設定

プロト ¥5,720

アルミ製マスターシリンダーガード
転倒時にマスターシリンダーのダメージを軽減するレース必需品。ドレスアップ効果も高い。色は赤、青、黒、金を設定する

SNIPER ¥3,960

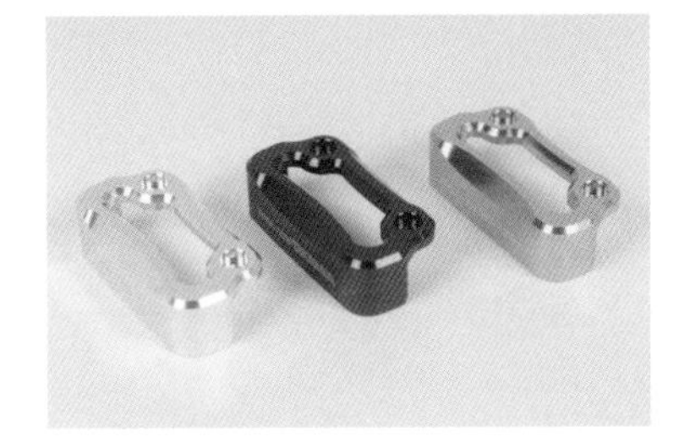

アルミ削り出しマスターシリンダーガード
転倒時におけるマスターシリンダーの損傷を軽減できるアルミ削り出しのガード。取り付けることでドレスアップ効果も得られる。シルバー、ゴールド、レッドの3カラーを設定する

スペシャルパーツ武川 ¥4,620

マスターシリンダーキャップ
アルミ削り出しアルマイト仕上げで、ヨシムラロゴがレーザーマーキングされた高品質なアイテム。ステンレス製内六角ボルト付属

ヨシムラジャパン ¥6,820

組み合わせバーエンド アウター
同社製の組み合わせバーエンド インナーと組み合わせて使うアウター。インナーの色味が覗く穴が空けられ、組み合わせで自分だけの個性が作り出せる。色は青、赤、金、銀、緑、黒の6種あり

エンデュランス ¥2,420

組み合わせバーエンド インナーセット
上記アウターセットと組み合わせて使うインナーで、純正ハンドルに取り付けできる。青、赤、金、銀、黒、ヘビーウエイト黒がある

エンデュランス ¥1,210

バーエンドキャップ ステンレス素地
ハンドル周りの保護とドレスアップを実現するバーエンド。ステンレス製で経年劣化を抑え傷がつきにくい表面処理が施される。これは質感を活かした素地仕上げだ

キタコ ¥4,400

バーエンドキャップ　ポリッシュ仕上げ

ハンドルに個性を加えるステンレス製ポリッシュ仕上げのバーエンド。左右セットで外径33mm、長さ33.5mmサイズとなっている

キタコ　¥4,840

ユニオンバーエンドキャップ

ステンレス製本体にアルミ削り出しアウターキャップを組み合わせたバーエンド。アウターのカラーは4種類を設定する

キタコ　¥4,620

バーエンドキャップ ダイヤモンドライクカーボンコーティング

ステンレス製バーエンドにエンジン部品にも使われる腐食や傷に強いダイヤモンドライクカーボンコーティング(DLC)を施す。カスタムにこだわりを込めたいあなたに

キタコ　¥6,820

2ピースバーエンド

バーエンドとバーエンドカバーからなる2ピース構造。ノーマルハンドルに対応し、10種のカラーバリエーションからチョイスできる

スペシャルパーツ武川　¥5,280

バーエンド（ノーマルハンドル用）

ノーマルハンドル適合のドレスアップ用バーエンド。シルバー、レッド、ブラックのアルミ製とステンレス製の4タイプから選ぼう

スペシャルパーツ武川　¥7,040

バーエンド

純正ハンドルに対応する落ち着きのあるデザインのアルミ製バーエンド。ベース部の色は11種類から選ぶことができる

プロト　¥9,240

ハンドルバーエンド High Line

切れ長でシャープなカットラインでインナーカラーの鮮やかなカラーアルマイトが顔をのぞかせる2ピース構造のバーエンド。インナーカラーの色はレッドとスレートグレーから選べる

ヨシムラジャパン　¥17,600

ハンドルアッパーホルダー タイプ1

ハンドル周りをドレスアップできるアルミ削り出しアルマイト仕上げのホルダー。ブラック、シルバー、ゴールド、ガンメタリックの4色あり

キタコ　¥3,520

ハンドルアッパーホルダー タイプ 3
アルミ削り出しならではの立体感のあるデザインが個性を生むハンドルアッパーホルダー。色はレッド、ブラック、シルバー、ゴールド
キタコ ￥7,150

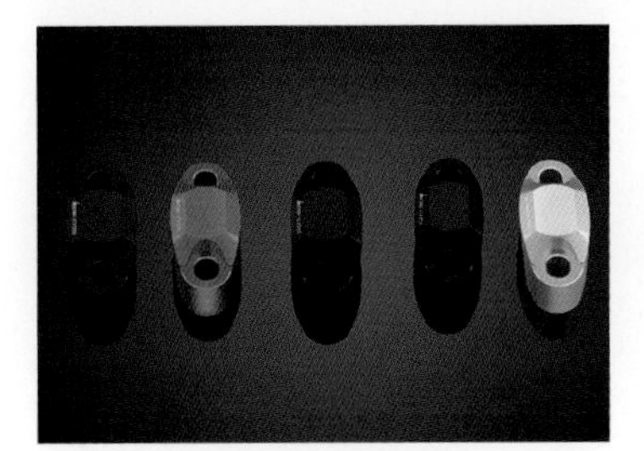

マスターシリンダークランプ
アルミ削り出しのBIKERS製マスターシリンダークランプ。銀、灰、チタン、黒、緑、青、紫、赤、橙等の11色から選べる
プロト ￥1,430

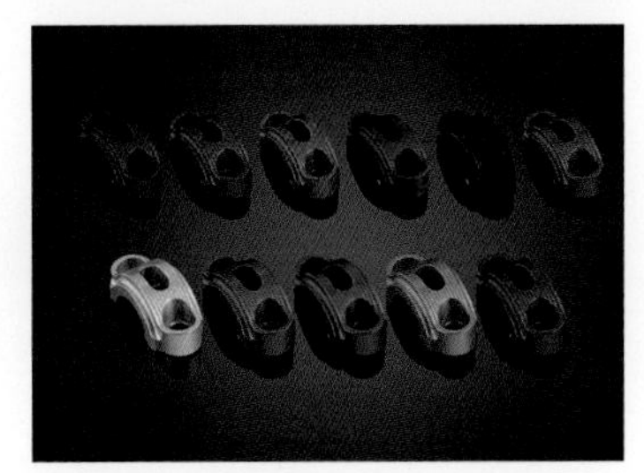

マスターシリンダークランプ
肉抜き加工等を加えより細かなデザインが施されたマスターシリンダークランプ。全11カラーを設定している
プロト ￥2,640

ハンドルバークランプ
ハンドル周りにワンポイントを加えるハンドルバークランプ。カラーはシルバー、グレー、ライトゴールド等脅威の11種を設定している
プロト ￥7,480

ハンドルバークランプ 1ピースタイプ
より存在感を発揮する1ピースタイプのアルミ削り出しハンドルバークランプ。人気のBIKERS製アイテムで11色から選べる
プロト ￥7,480

ハンドルホルダー
シルバー、ブラック、チタンゴールドの3色から選べるハンドルホルダー。シルバーはカタカナ、他はアルファベットのロゴが刻まれる
モリワキエンジニアリング ￥7,150

ヘルメットロック メッキPCX-14Y/GROM
ハンドルレバーホルダーに取り付けるヘルメットロック。手軽にヘルメットを固定できるので外出先で身軽に行動できる
キジマ ￥2,750

ヘルメットロック ユニバーサル
マスターシリンダーブラケット（ネジ間ピッチ32mmに適合）に取り付けるスチール製ブラック仕上げのヘルメットロック
キジマ ￥3,850

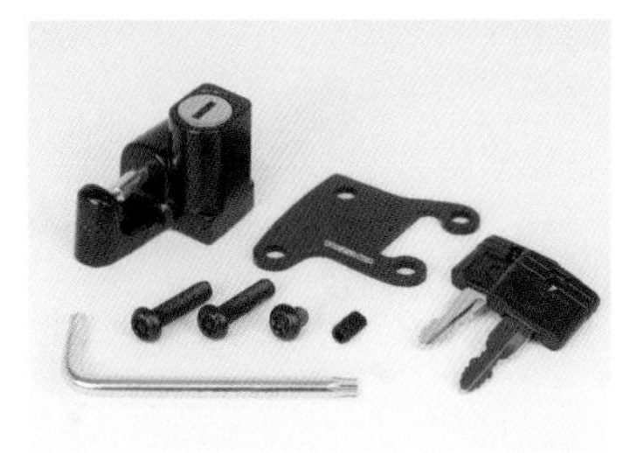

ヘルメットホルダーセット
ブレーキマスターシリンダーに取り付けるヘルメットホルダー。セキュリティーを高めるため盗難抑止対策ボルトを採用している
スペシャルパーツ武川 ￥4,620

ヘルメットホルダー
日常での使い勝手を向上させる、マスターシリンダー共締めタイプのヘルメットホルダー。アルミ削り出しアルマイト仕上げで、色は黒／黒、銀／メッキ、金／黒の3種。鍵2本付き
キタコ ￥3,520

グリップヒーター SP
スペースの最小化とスタイリッシュさを目指したグリップヒーターで、バッテリー保護機能も完備。温度は5段階に調整できる
エンデュランス ￥12,980

グリップヒーターセット HG115

温度を任意時間で制御できるスタートアシスト機能や電圧計機能といった便利な6機能を備えた高性能グリップヒーターのボルトオンキット

エンデュランス ¥13,420

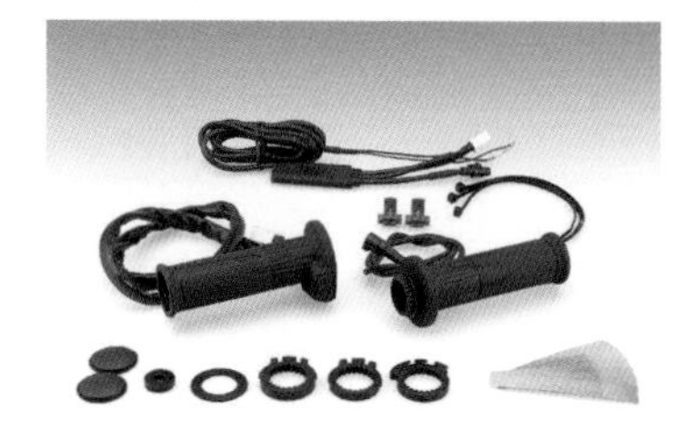

グリップヒーター GH10

グリップ径32mmのスリムなグリップヒーター。ボタン式スイッチ採用でON/OFF、温度調整がしやすくなっている

キジマ ¥20,350

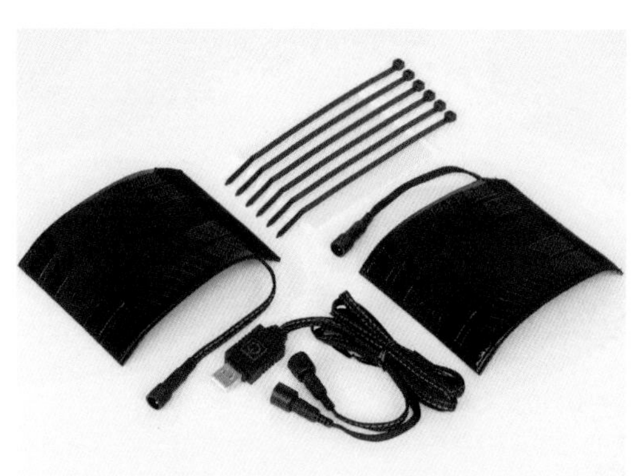

ヒートグリップ TYPE-ROLL

出力5V 2.1A以上のUSB TYPE-Aポートに接続して使う汎用のヒートグリップ。ヒーターサイズは100mm×130mmで厚さは2mm

スペシャルパーツ武川 ¥5,280

スーパースロットルパイプ

純正はグリップ一体型でグリップ交換が容易でないが、これを使えば気軽に実行できる。別途ハンドグリップが必要だ

キタコ ¥660

スロットルパイプ HONDA PCX125/150/160/e:H/HYB

純正部品として単体設定の無いスロットルパイプ。これを使うことで手軽にグリップヒーターやカスタムグリップ装着ができる

キジマ ¥825

汎用ハンドガードセット

ミラーポストに取り付けるハンドガード。オーソドックスなデザインでマッチングは抜群ながらカーボン調デザインでカスタム感も得られる

エンデュランス ¥8,910

ナックルカバー

ライディング中の飛び石や走行風から手を保護してくれるカバー。冬の指先の寒さも軽減してくれる。取り付けはミラー取り付け部を使う。ポリプロピレン製

キタコ ¥5,280

スマホホルダーセット

ワンアクションでスマホの脱着ができるホルダー。ロック内側にラバーを備えバイクの振動を軽減している。取り付けステーを2種類同梱

エンデュランス ¥3,410

ツーリングなど、大きな荷物を積む時に取り付けたい、積載性をアップするアイテムを紹介する。

パーキングブレーキキット

リアブレーキマスターシリンダーに取り付けることで、駐車時にリアタイヤをロックできるようになるアイテム。傾斜のある場所で重宝する

エンデュランス ¥6,490

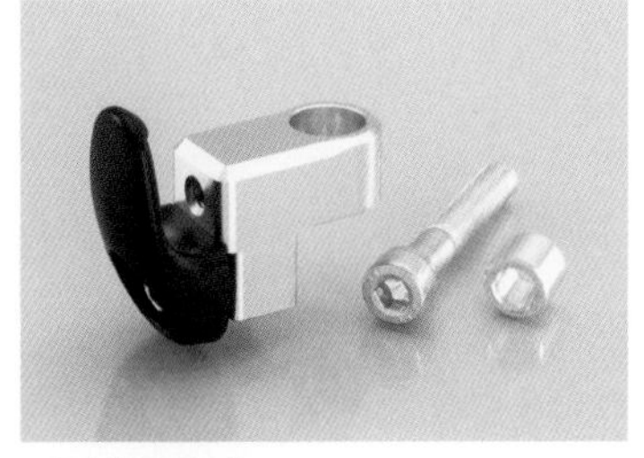

コンビニフック

コンビニ袋等、ちょっとしたものを掛けるのに便利なフック。ハンドルクランプ部に装着する。最大荷重1.5kg以下

キタコ ¥3,080

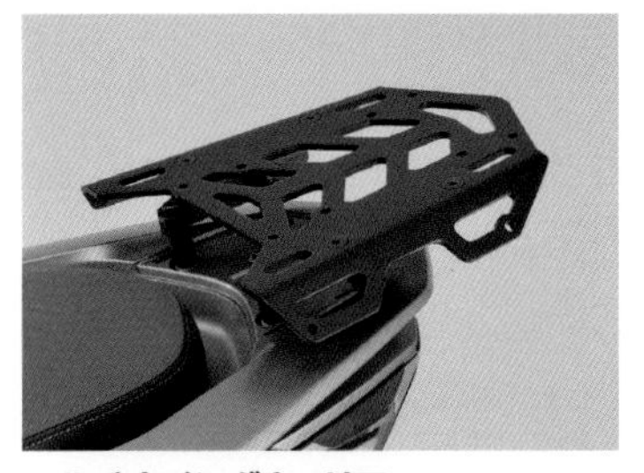

マルチウイングキャリア

デザインされたアルミトッププレートで非積載時でも違和感の無いフォルムを実現したキャリア。積載制限重量は5kgとなる

デイトナ ¥15,950

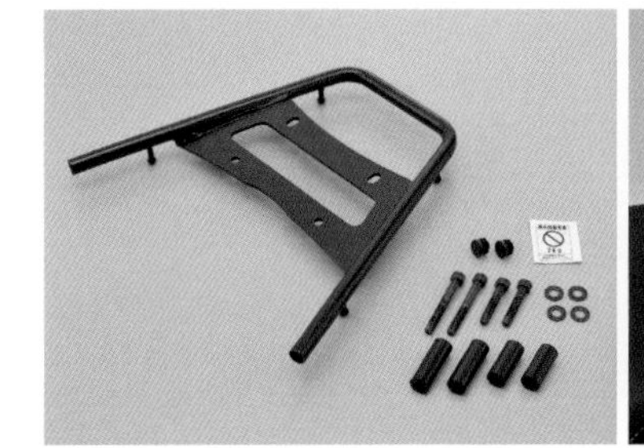

グラブバーキャリア

タンデム時はグラブバーになるキャリア。荷台が前後に長いので荷物の多いキャンプツーリングに最適でGIVIのハードケース(30Lまで)も取り付け可能。スチール製黒色電着塗装仕上げ

デイトナ ¥10,780

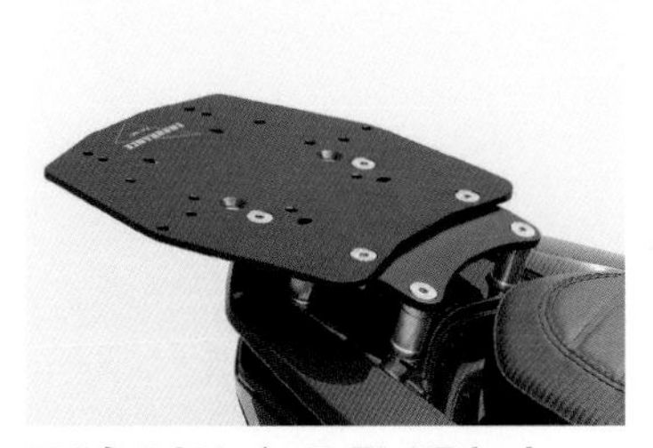

アルミBOXベースFLATキット

50Lクラスに対応したボックスマウント用のベース。ベース部は軽く高強度な5mm厚アルミ製。最大積載量は8kg

エンデュランス ¥15,950

リアキャリア

ボックス用汎用ベースに対応したスチール製キャリア。ヘルメットホルダーやドライブレコーダー用のサービスホール付き。最大積載量8kg

エンデュランス ¥8,250

リアキャリア

荷物が積みやすいフラットな荷台を採用したキャリア。天板サイズは縦200mm、横240mmで最大積載量は5kg

キジマ ¥9,350

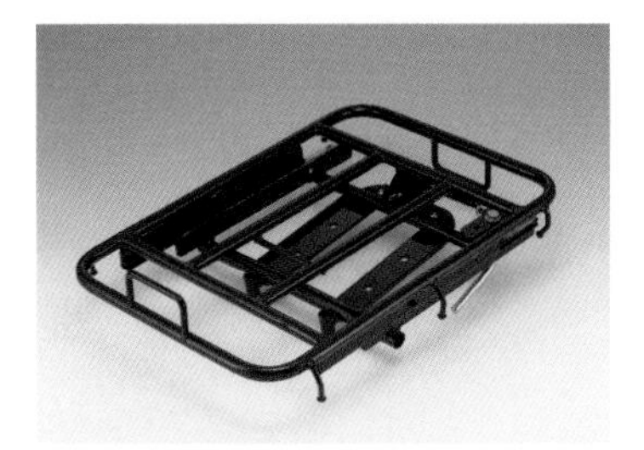

スライドキャリア

タンデムシート部分にキャリアをレイアウトすることで強度と安定性を向上。後方へスライドさせることでシートの開閉を可能としている

キジマ ¥33,000

リヤキャリアー

実用性を重視したリアキャリアで、耐久性に優れたステンレス製。キャリアの寸法は長さ180mm×幅170mm、最大積載量は5.0kg以下となる

キタコ ¥13,200

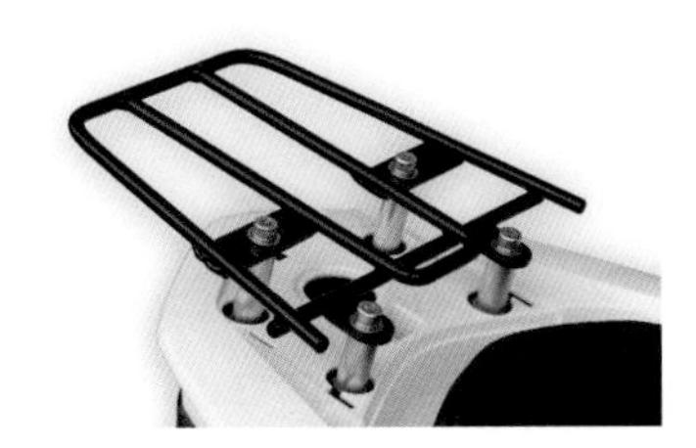

リアキャリア

車種専用設計されたキャリアで、車体との一体感あるデザインとリアボックスを無加工で装着しやすい絶妙な寸法を両立している

ワールドウォーク　¥9,130

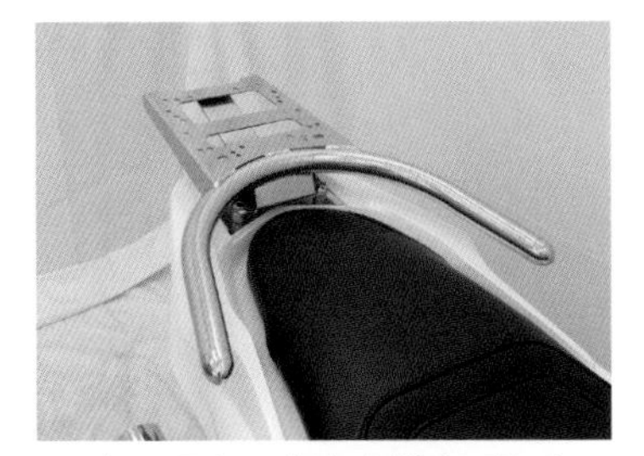

リアボックス用ベースブラケット付きタンデムバー

SHAD、COOCASE、GIVI などのリアボックス用ベースプレートを標準装備したタンデムバー。バーの先端形状を2種類から選べる

ウイルズウィン　¥20,900

リアキャリア 30Lリアボックスセット

キャリアと丈夫な30Lリアボックスのセットで、個別購入時には別売となるインナーも付属している

ワールドウォーク　¥16,940

リアキャリア 32Lリアボックスセット

踏んでも壊れない32Lフォーカラーズリアボックスとリアキャリアのお得なセット。スポーティなデザインも魅力

ワールドウォーク　¥18,260

リアキャリア 43Lリアボックスセット

付属のカラーレンズでイメージが変えられる43Lリアボックスとマウント用リアキャリアのセット。ボックスインナーが付属する

ワールドウォーク　¥19,580

リアキャリア 48Lリアボックスセット

大容量48Lボックスと最大積載量5kg のリアキャリア、ボックスインナーのセット。積載量を大幅にアップできるアイテムだ

ワールドウォーク　¥20,900

リアボックス付きタンデムバー

ベースブラケット付きタンデムバーとリアボックスのセットで、ボックスはSHAD製とCOOCASE製の2タイプを設定する

ウイルズウィン　¥26,950/28,050

Exterior Parts 外装パーツ

実用性をアップするスクリーンから愛車を彩るドレスアップパーツまで、多彩なパーツを掲載する。

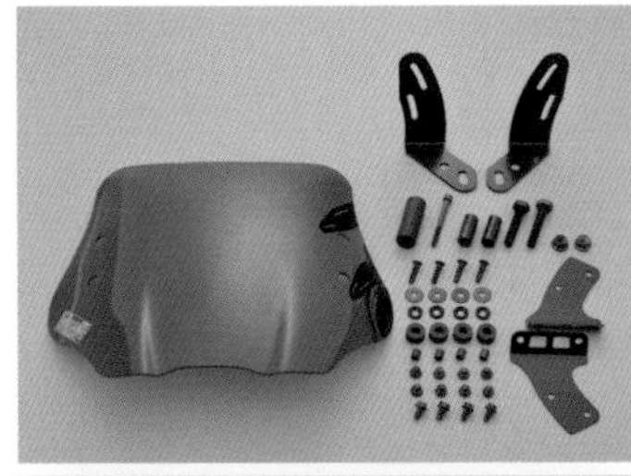

ウインドシールドRS 車種別キット

スポーティな形状のエアロ形状ウインドシールドセット。スモークタイプでクリア同様アクセサリー取り付けに便利なオプションバー付属

デイトナ　¥17,600

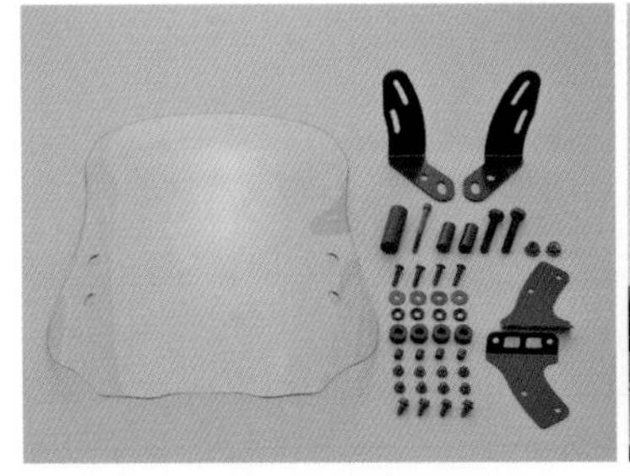

ウインドシールドRS 車種別キット

スクリーン上端の小さく跳ね上がったスポイラーが体への抵抗を軽減してくれる。厚さ3mmのポリカーボネート製で、高い透明度と耐久性を両立している

デイトナ　¥17,600

ロングスクリーン

視認性に優れた高い透明度と防風効果を発揮する縦約75cm、横約50cmのスクリーン。ポリカーボネート製

アルキャンハンズ　¥16,500

ミドルウインドスクリーン

レーシーな雰囲気のウェーブ形状のスクリーン。高さは純正より約90mm高く、スタイルと風防効果を両立している

エンデュランス　¥14,960

ロングウインドスクリーン クリア

ハンドガードとの同時装着を可能にしたロングスクリーン。スタイリッシュさを保ちつつライダーへの雨や風の当たりを軽減。クリアタイプ

エンデュランス　¥14,960

ロングウインドスクリーン スモーク

存在感あるスモークタイプとしたロングスクリーン。高さはノーマルより約270mm高くなり、快適性を大きくアップしてくれる

エンデュランス　¥14,960

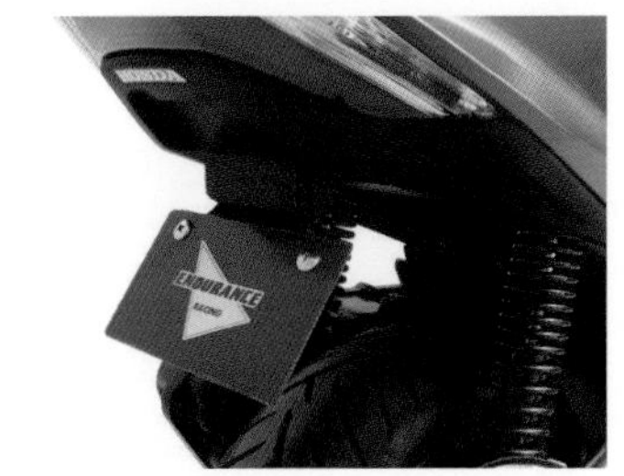

フェンダーレスキット

純正リアフェンダーと交換するだけ、無加工ですっきりしたリア周りを実現するキット。強度テストクリア済みで安心して使える

エンデュランス　¥7,920

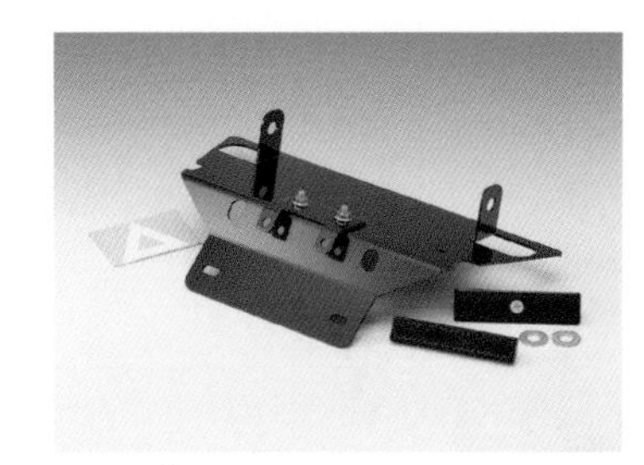

フェンダーレス KIT

リア周りをスッキリさせるフェンダーレスキット。スチール製ブラック仕上げでリフレクターが付属する

キジマ　¥10,450

フェンダーレスKit

タイヤが露出しワイルドなスタイルに仕上がるフェンダーレスキット。素材は耐久性に優れたステンレスを使い、バフ仕上げとしている

ウイルズウィン　¥8,800

サイドバイザー

足に当たる風を軽減し快適なライディングをサポートしてくれるバイザー。2mm厚アクリル材を用い見た目と機能性を両立している。両面テープで取り付け後、付属タッピングビスでの固定を推奨

アルキャンハンズ　¥9,900

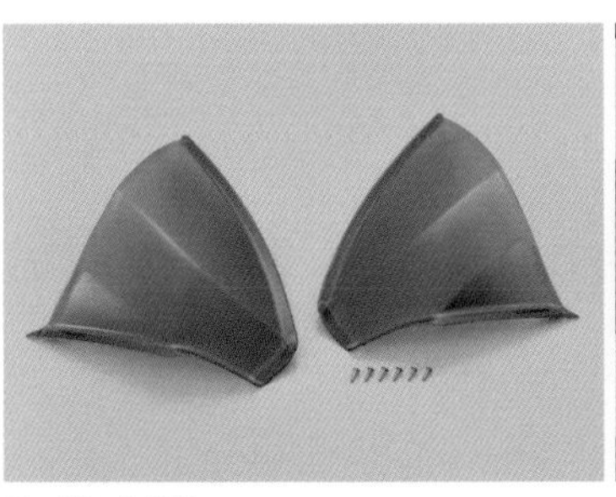

サイドバイザー

膝、足に当たる風を軽減するサイドバイザー。先端にリップを付けることで防風効果を向上している。素材は2mm厚の耐衝撃アクリルを使っている

デイトナ　¥12,650

ステップボードセット

車体のスタイルとマッチする一体感あるデザインが特徴のステップボード。ステンレスプレートに滑り止めテープを貼り、実用性も高い

エンデュランス　¥8,800

ステップボード

スクーターカスタムの定番といえるアルミ縞板を使ったステップボード。ブラックアルマイトとシルバーアルマイトから選べる。取り付けはタッピングビスで行なう

キタコ　¥23,100

スマートキーカバー

アルミ材を削り出し2色のカラーアルマイトを施したカバー。縁の部分の色はレッド、ブルー、ゴールド、シルバーの4タイプあり

エンデュランス　¥3,410

グラフィックキット アタッカーモデルブルー

貼り付けるだけで大胆なルックスが得られるグラフィックキット。自由にカラーを変更できる有料オプションもある

MDF　¥27,280

グラフィックキット アタッカーモデルトリコロール

愛車を手軽かつ大きくイメージチェンジできるステッカーのキット。ホンダらしいトリコロールカラーで、部位別の設定もあり

MDF　¥27,280

グラフィックキット アタッカーモデルレッド

レッド&グレーのラインを加え他にない個性が得られるグラフィックキット。こちらは1台分フルセットだが、部分ごとでの購入もできる

MDF　¥27,280

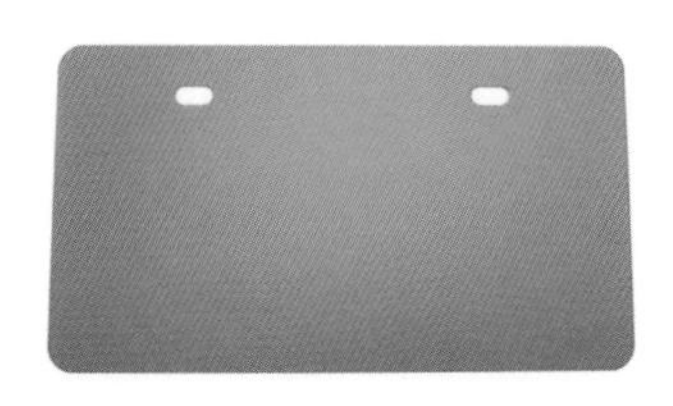

アルミライセンスプレート

PCX160にマッチするサイズのアルミ製でグリーン、ブロンズ、ピンク、ブルー、レッド、シルバー、ブラックの各色あり

KN企画　¥2,970

カーボンナンバープレートホルダー

125cc以下の四角形ナンバーに対応したホルダー。高級感満点のカーボン製でヨシムラロゴが刻まれている

ヨシムラジャパン　¥11,000

カーボンナンバープレートホルダー

大都市に多い125cc以下用六角形ナンバー用に作られたカーボン製のナンバープレート。さりげないおしゃれにピッタリ

ヨシムラジャパン　¥12,100

Seat
シート

乗り心地を大きく左右し、視覚的効果も見逃せないシート。関係の深いグラブバー等と共に紹介する。

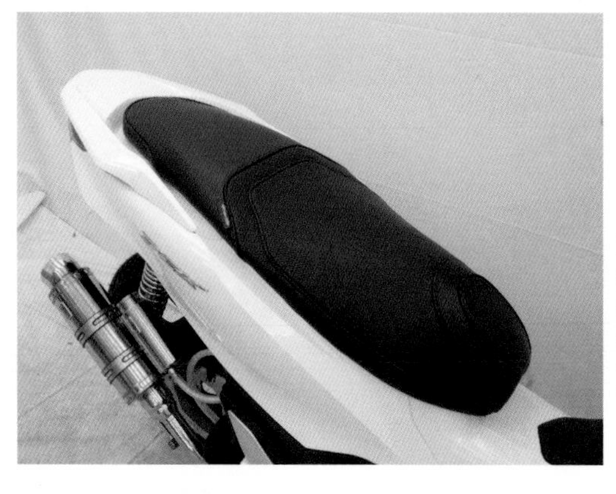

ローダウンシート

特殊加工により収納スペースを減らさず車高を約30mmダウンした時と同じ足つき性を実現。パイピングの色はブラックとレッドがある

ウイルズウィン
¥24,200

カスタムシート TYPE L
長距離ツーリングでも疲れを軽減する高めの背もたれを採用。純正シートベースなので交換後もトランク収納量は変わらない
エンデュランス　¥25,960

クッションシートカバー（ダイヤモンドステッチ）
カスタム感を高めるダイヤモンドステッチ採用のシートカバー。特殊スポンジ採用で振動を軽減しクッション性を向上させる
スペシャルパーツ武川　¥6,380

エアフローシートカバー
ノーマルシートに被せるだけの簡単装着アイテムで、ノーマルシートに通気性とクッション性を追加してくれる
スペシャルパーツ武川　¥3,300

バックレスト+グラブバーセット
バックレストとグラブバーのセット。バックレストはカーボンとブラック、グラブバーはシルバーとブラックから選べる
エンデュランス　¥19,250/19,800

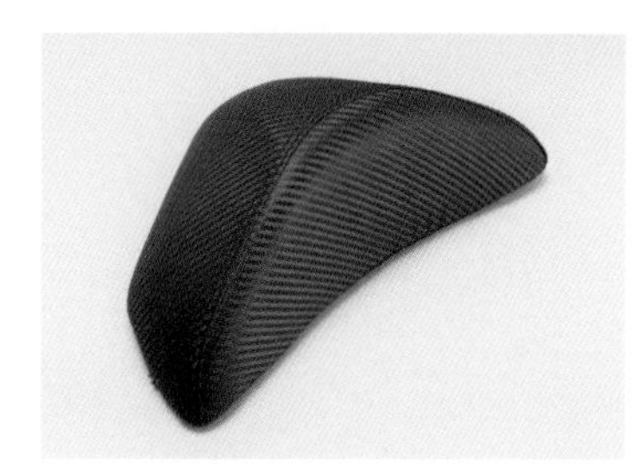

バックレストキット（カーボン）
同社のグラブバー（¥14,300/15,180）に装着できる大型バックレスト。カーボン柄で一味違うスタイルを実現できる
エンデュランス　¥7,700

バックレストキット（ブラック）
同社製グラブバーに取り付けることでタンデム時の安定性を高められるバックレスト。幅広くマッチングするブラック柄を採用している
エンデュランス　¥7,700

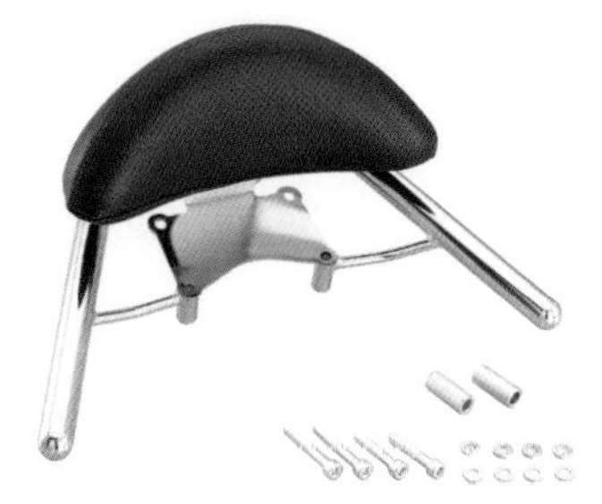

タンデムバックレスト　タンデムバー付き シルバー
Φ25.4mmのステンレス製電解研磨仕上げのグラブバーパイプを使ったバックレストキットで、2名乗車時も安心して走行できる。バックレストパッド寸法は幅310mm、高さ90mm
キタコ　¥24,200

タンデムバックレスト タイプ3
スチール製ブラック塗装仕上げのグラブバーパイプを使いリーズナブルプライスを実現。パッド位置は前後微調整が可能だ
キタコ　¥19,800

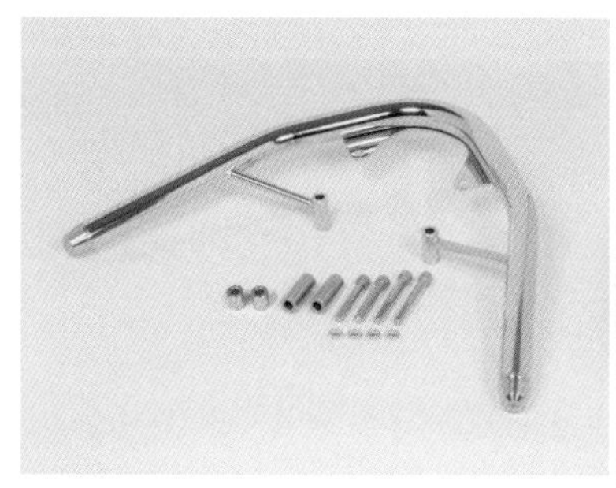

ステンレス製
グラブバー
Φ28.6mm のパイプを使ったステンレス製グラブバー。快適性とデザインにこだわったアイテム。要純正カバー加工
スペシャルパーツ武川
¥18,700

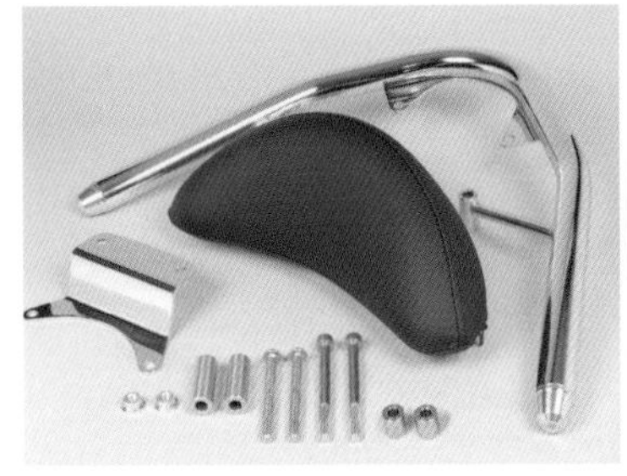

ステンレス製グラブバー(ラージバックレスト付き)

快適性向上とデザインにこだわったグラブバーで、タンデム時のホールド性を高めるバックレストが付属する。グラブバーはステンレス製Φ28.6mmサイズとなっている

スペシャルパーツ武川　¥26,950

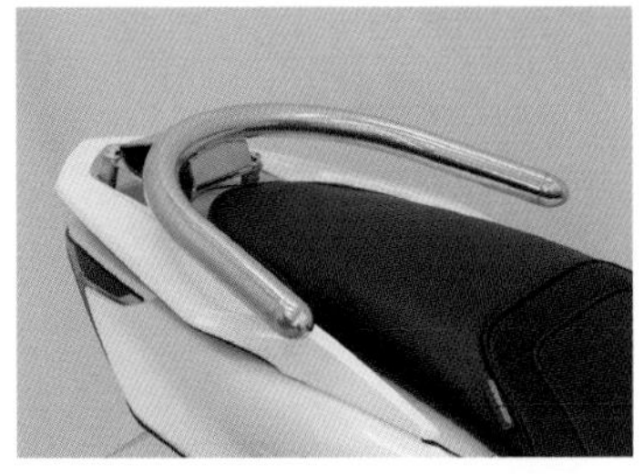

32Φタンデムバー

ローダウンフォルムにマッチするよう全体を低く見せるデザインとした直径32mmのタンデムバー。先端形状は2タイプある

ウイルズウィン　¥14,300

38Φタンデムバー

存在感たっぷりのΦ38mmステンレスを使ったタンデムバー。先端形状は写真のエレガントタイプの他、丸いブライアントタイプあり

ウイルズウィン　¥16,500

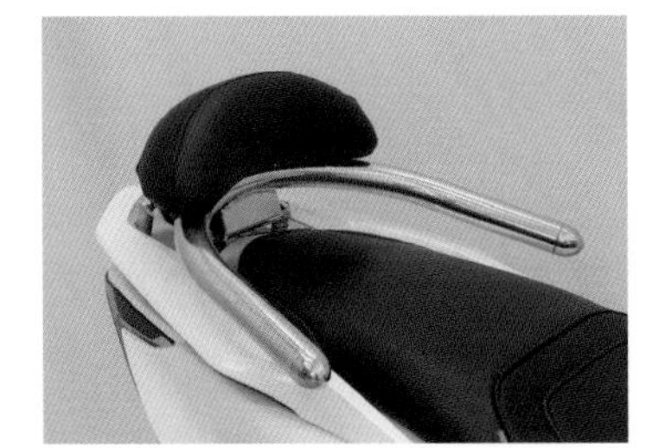

バックレスト付き32Φタンデムバー

タンデムランの快適性をよりアップするバックレスト付きのタンデムバー。バックレストのサイズ、バーの先端形状が各2タイプある

ウイルズウィン　¥19,800

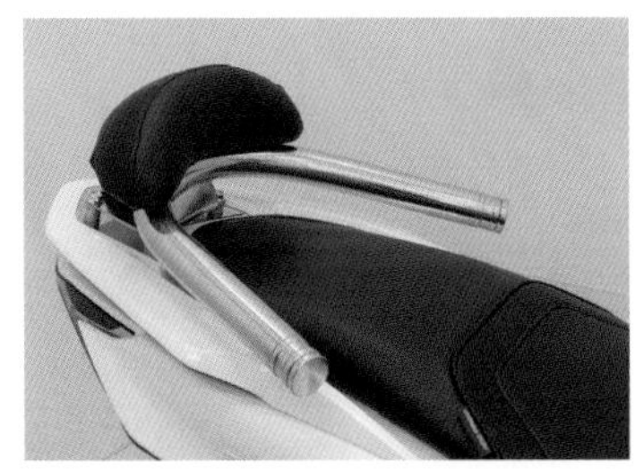

バックレスト付き38Φタンデムバー

ローダウン車両にマッチするデザインの極太タンデムバーにバックレストをセット。好みに合わせられる4バリエーションを設定する

ウイルズウィン　¥23,100

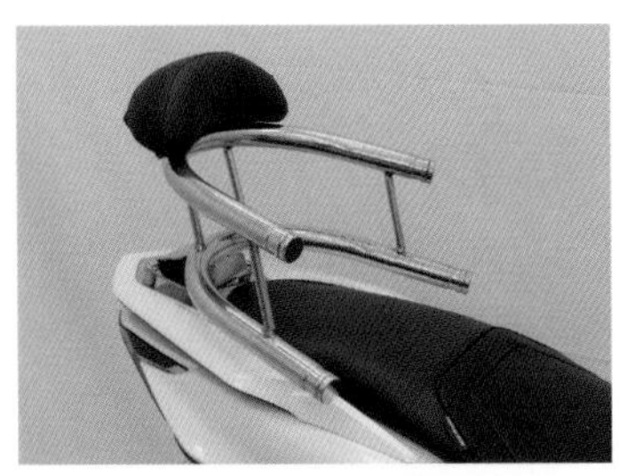

バックホールドタンデムバー

安心安全にタンデム走行できるよう機能面を重視したタンデムバー。体の小さい子供から大人まで対応。バー先端の形状は2タイプあり

ウイルズウィン　¥25,300

サポートタンデムバー

パッセンジャーをしっかりサポートする背もたれパッドを標準装備。バー本体は耐久性に優れたステンレス製。先端形状は2種から選べる

ウイルズウィン　¥23,100

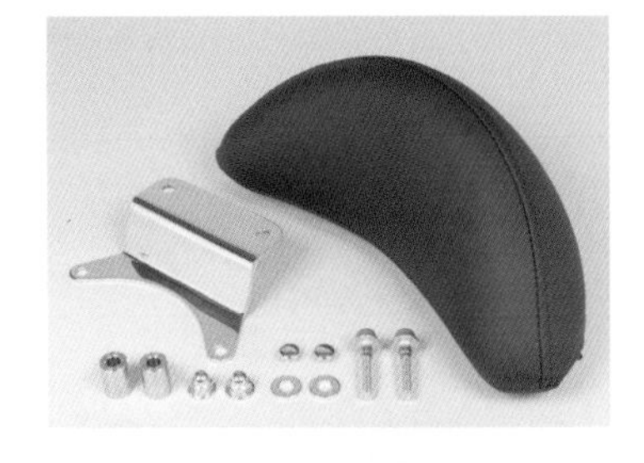

バックレストキット(ラージタイプ)

パッセンジャーのホールド感を高め、また安全性も向上できるキット。取り付けには純正カバーの穴空け加工が必要となる

スペシャルパーツ武川　¥11,880

バックレストKit

パッセンジャーを快適かつ安全にサポートするバックレストのボルトオンキット。写真のラージサイズの他スモールサイズもある

ウイルズウィン　¥9,900

メットインマット

メットインスペースに敷くことで、ヘルメットや荷物、メットイン底部の傷つきを軽減。専用設計でぴったりフィットする

アルキャンハンズ　¥8,140

Undercarriage
足周り

PCXの乗り心地や走行性能をより高めてくれるサスペンションパーツを中心としたパーツだ。

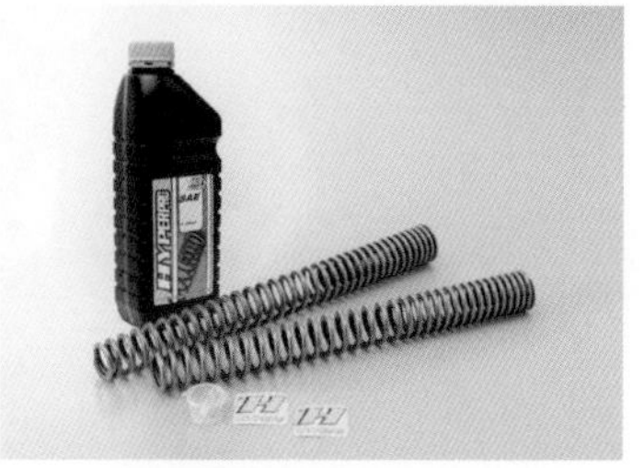

HYPERPRO フロントスプリング
独自のコンスタントライジングレートを持つスプリングで、柔らかすぎず硬すぎない状態を維持しつつ高負荷時も踏ん張る特性を実現

アクティブ　¥23,100

ローダウン強化フロントフォークスプリング
同社製ローダウンリアショックと同時装着することで足つき性を向上。付属カラーで2段階の高さ調整ができる。純正サイドスタンド不可

スペシャルパーツ武川　¥6,380

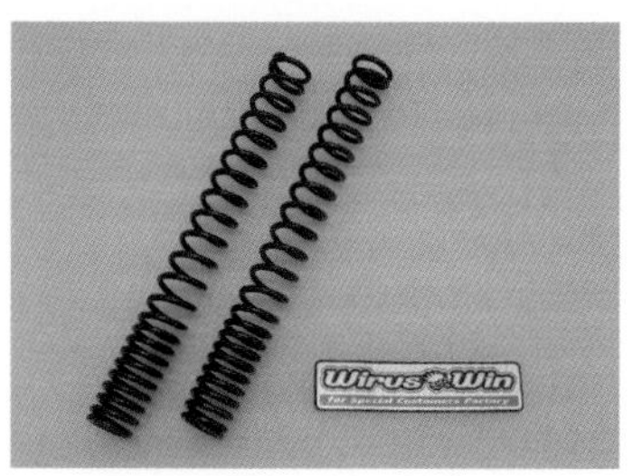

ローダウンフロントフォークスプリング
ノーマルより少し固めにすることで安定した走行が可能なフォークスプリング。装着することで40mmダウンを実現する

ウイルズウィン　¥6,050

フォークアップグレードキット 純正ショック長
フロントフォークの性能をトータルで向上させるスプリング、プリロードアジャスター、PDバルブのセット

YSS JAPAN
¥37,400

フォークアップグレードキット 1インチローダウン
専用設計スプリング、しなやかさと腰を生むPDバルブ等でフォークの性能をアップさせせつつローダウンを実現

YSS JAPAN
¥37,400

フォークアップグレードキット 1.5インチローダウン
1.5インチローダウンとフロントフォークのトータルチューニングを実現するアップグレードキット

YSS JAPAN
¥37,400

YSSリアサスペンション TG302
ロードモデルで培ったデータを活かしスクーター専用に開発。コンフォートな乗り心地と優れた操安性を実現

YSS JAPAN
¥77,000

YSSリアサスペンション TG-C302
TG302が持つ無段階スプリングプリロード、30段伸側減衰力調整に、30段圧側減衰力調整を追加

YSS JAPAN
¥88,000

YSSリアサスペンション TG-C302 30mmローダウン
走行性能をよりグレードアップするハイスペックモデルTG-C302のローダウン仕様。スプリングも専用品を使用

YSS JAPAN
¥88,000

KITACO　ショックアブソーバー
オリジナルダンパー採用でスポーツライドに最適なリアショック。プリロード調整機能付き。スプリングカラーはブルーとレッドあり

キタコ　¥16,500

ローダウンリアショックアブソーバー
ノーマルと比べシート高が約20mmダウンするリアショック。スプリングはメッキとレッド塗装から選べる。純正サイドスタンド不可
スペシャルパーツ武川 ¥21,780

DY Racing ローダウンリアショック
約40mmローダウンとなるリアショックは、無段階スプリングプリロード、18段の伸側減衰力調整機能があり、細かなセッティングが可能
ウイルズウィン ¥36,300

リアサスペンション
純正より少し硬めのダンパー設定とすることで快適性を損なわずスポーティな走りを実現。乗車位置が約10mm下がる設定
エンデュランス ¥14,960

ローダウンキット
純正に比べシート高が約35mmダウンするリアサスペンション、フロントスプリングカラー、ショートサイドスタンドのセット
エンデュランス ¥20,900

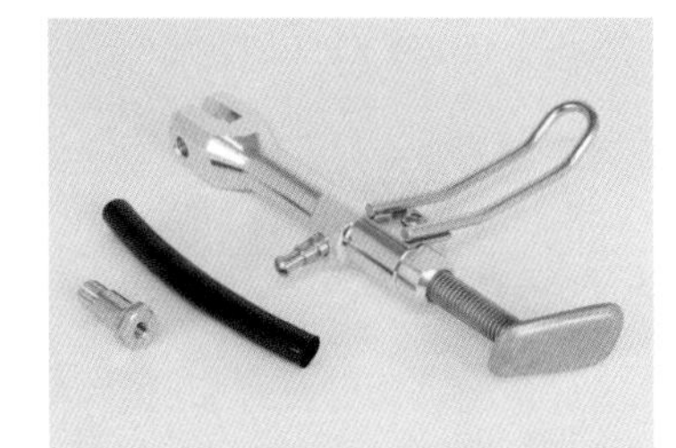

アジャスタブルサイドスタンド
ローダウン車両に対応する調整式サイドスタンド。サイドスタンドスイッチ対応でアルミ製。調整範囲は30mmショート～25mmロング
スペシャルパーツ武川 ¥17,380

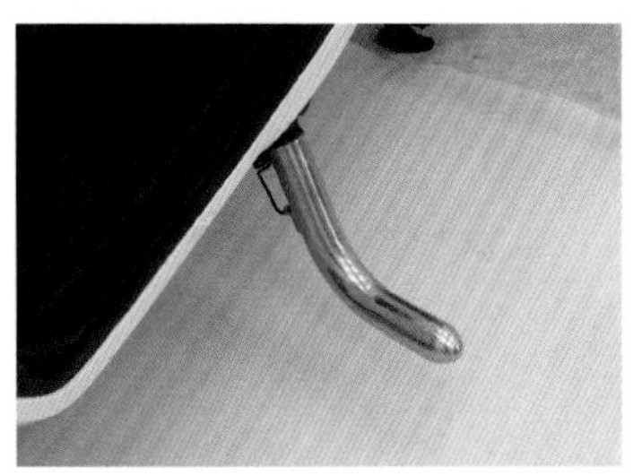

ソリッドショートスタンド
20～40mmローダウンした車両に使えるショートタイプ。写真のブライアントタイプと先端がフラットなエレガントタイプあり
ウイルズウィン ¥9,350

サイドスタンドボード
サイドスタンド先端に取り付けるアイテムで、視覚的ポイントを作る一方で、駐車時の安定性を高めることができる。上部部品のカラーはレッド、ブルー、ゴールド、シルバーを設定する
エンデュランス ¥6,490

汎用アクスルプロテクターセット
転倒した際にアクスルシャフトの頭やナットが削れて取り外せなくなることを防ぐ。ベース部の色は赤、青、金、銀からセレクトできる
エンデュランス ¥6,380

FR キャリパーガードキット
転倒時にキャリパーを保護しつつドレスアップも実現するアイテム。赤、青、金、銀から選べるベースに樹脂製のプロテクターを組み合わせる
エンデュランス ¥9,020

Drive Parts
駆動系パーツ

走行時のエンジン回転数に影響を与え、加速を中心とした走りの性格を左右する駆動系パーツを紹介。

スーパーローラー SET
変速タイミングの変更や補修に使いたい高い耐久性を誇るウエイトローラー。重さは6.0～21.0gまでの17種あり。6個セット
キタコ ¥1,980

DR.PULLEY 異型ウエイトローラー 20×15

加速が良く最高速も伸びる一方偏摩耗も防げる異型ウエイトローラー。6個セットで重量は25.0gから9.0gまでの30種類と豊富に設定され、細かなセッティングを可能としている

KN企画　¥2,189

KOSO ウエイトローラー 20×15

スクーター用チューニングパーツで有名なKOSO製のウエイトローラー。補修用にも。重量は22.gから7.0gまでの19種を設定

KN企画　¥1,419

ウエイトローラー 20×15

街乗りからレースまで使えるセッティング用のウエイトローラー。重さは25.0gから4.0gまでの37種類を用意。6個セット

KN企画　¥1,100

ウエイトローラー

10g、9.5g、8.5gの3タイプがラインナップするウエイトローラー。1台分6個セットとなっている

スペシャルパーツ武川　¥3,300

ウエイトローラー

15.0gの重量に設定されたウエイトローラー。加速力の調整に使いたい。3個セットでの販売となる

スペシャルパーツ武川　¥1,650

ウエイトローラー

重量12.0gとなる駆動系セッティング用のウエイトローラー。3個セットとなっているので注意したい

スペシャルパーツ武川　¥1,650

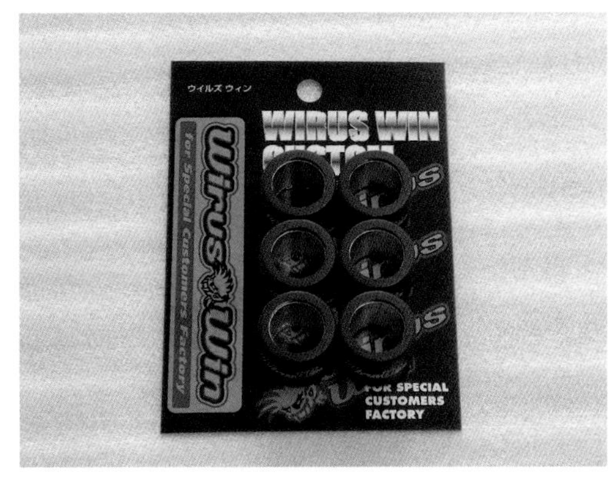

ハイパー ウェイトローラー Kit

社外マフラー装着時のトルク不足を解消、さらにパワーアップさせるキットで、全域でスムーズに加速する絶妙な設定となっている

ウイルズウィン　¥1,760

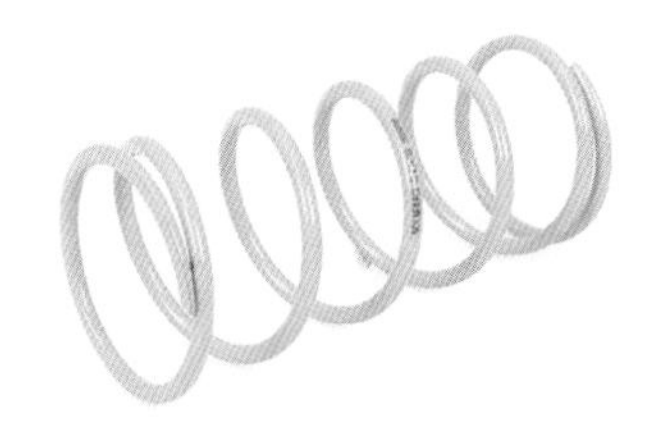

NCY強化センタースプリング 1500rpm

ミドルチューニング車向けのNCY製強化センタースプリング。再加速時におけるダッシュ力を強化したい人に

KN企画　¥1,969

NCY強化センタースプリング 2000rpm

減速後の再加速を強化するセンタースプリングでハードチューニング向け。2000rpmとあるがあくまで目安なので注意

KN企画　¥1,969

NCY強化センタースプリング 1000rpm

減速した後の再加速を強化するライトチューニング向けの強化スプリング。定評あるNCY製のアイテムだ

KN企画　¥1,969

強化センタースプリングホンダ2種スクーター用
ノーマルセンタースプリングに比べ少しだけ硬い設定となる、吸排気、駆動系のみといったライトチューニング向けスプリング
KN企画　¥3,190

クラッチセンタースプリング
ノーマルよりバネレートを上げることで、減速後の再加速時に鋭い加速を得ることができる
スペシャルパーツ武川
¥2,750

ハイパーセンタースプリング
同社製マフラーをさらにパワーアップするノーマル比15%強化のスプリング。加速力の向上を目指すならこれ
ウイルズウィン　¥1,980

ハイパークラッチスプリング
クラッチが高回転で繋がるようになり、ゼロ発進はもちろんアクセルを閉じて開いた時の加速がアップする
ウイルズウィン　¥990

スライダー
定期交換が必要となるランププレートのスライダー。これは純正品（品番：22011-KWN-900）同様のサイズで補修用として使える
キタコ　¥660

ケブラードライブベルト
シングルコグ化と芯線にケブラーを採用することで強度と耐久性を向上しつつコストダウンを実現したドライブベルト
キタコ　¥6,600

Engine
エンジン関係パーツ

エアクリーナーやオイルフィラーキャップといったエンジンに装着する各アイテムを紹介する。

DNAモトフィルター
より高い吸入効率、高品質、高寿命をコンセプトに開発されたフィルター。吸入効率は純正フィルターと比べ64.91%向上する
アクティブ　¥13,200

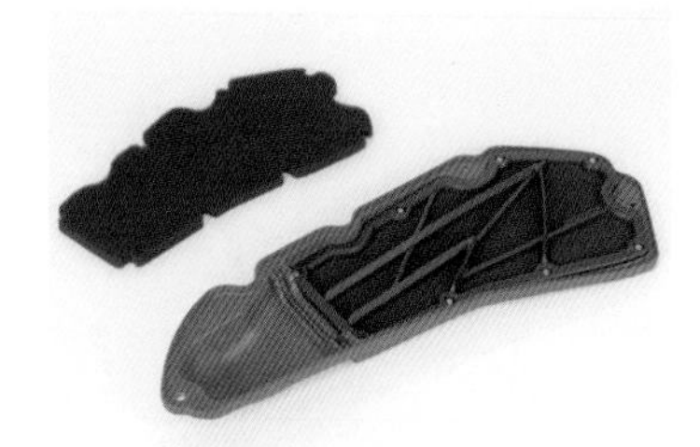

パワーフィルター（純正エレメント交換タイプ）
ノーマルと交換することで吸入効率がアップし出力向上を可能とする。粗目と細目の2種類のフィルターが付属する
スペシャルパーツ武川　¥6,930

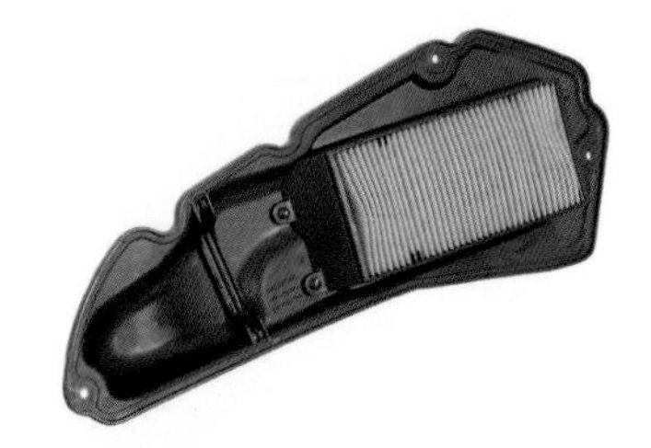

エアエレメント
ノーマルエアクリーナーに適合する補修用エアエレメント。20,000km走行毎に指定されている交換時に使いたい
キタコ　¥2,420

サイレンサー型エアクリーナーKitバズーカータイプ
耐久性の高いステンレス性のエアクリーナーで吸気量調整機能付き。バズーカータイプは段付きストレートエンドが特徴だ
ウイルズウィン　¥23,100

サイレンサー型エアクリーナーKit　ポッパータイプ
スラッシュカットデザインがワイルドさを生むステンレス製エアクリーナーキット。必要吸気量に合わせた調整ができる
ウイルズウィン　¥23,100

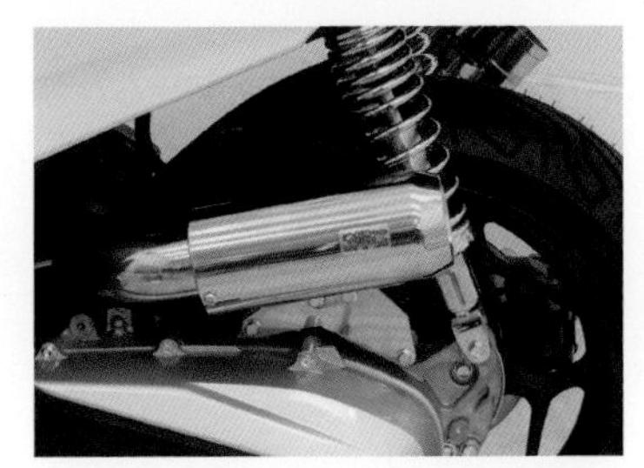

サイレンサー型エアクリーナーKit　ジェットタイプ
ジェットエンジンを思わせるテーパーエンドが特徴のエアクリーナー。還元パイプ対応で簡単にセッティングができる
ウイルズウィン　¥23,100

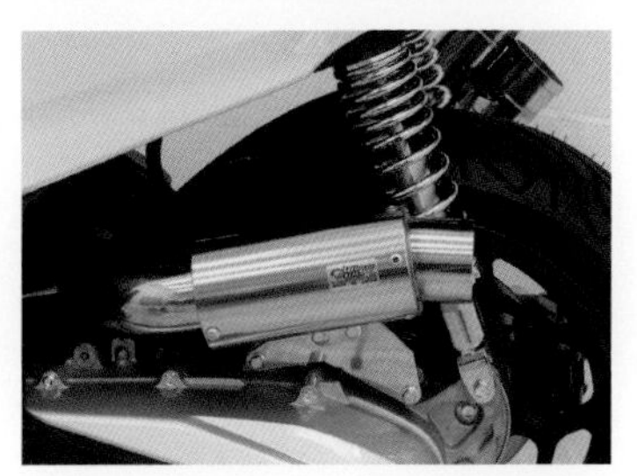

サイレンサー型エアクリーナーKit　スポーツタイプ
スポーツマフラーをイメージさせるデザインのエアクリーナー。ボルトオンで取付可能でローダウン車両にも対応する
ウイルズウィン　¥23,100

サイレンサー型エアクリーナーKit ユーロタイプ ステンレス仕様
独特なテーパーエンドを持つエアクリーナー。カスタム効果は満点といえよう
ウイルズウィン　¥28,600

サイレンサー型エアクリーナーKit ユーロタイプ ブラックカーボン仕様
高いカスタム感を得られるカーボンを使ったエアクリーナー
ウイルズウィン　¥31,900

キャリパータイプエアクリーナーKit
インナーカールエンドを採用し上品にまとめたエアクリーナー。ボディは耐久性、耐食性に優れたSUS304ステンレスを採用している
ウイルズウィン　¥17,600

ブリーズタイプエアクリーナーKit
吸気量調整機能はそのままにボディにプラスチックを使うことでリーズナブルプライスとパワーアップを実現している
ウイルズウィン　¥12,100

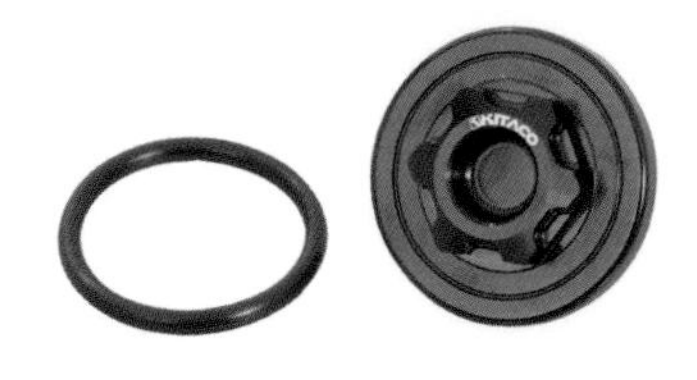

ストレーナーキャップ
純正と交換することでエンジンをドレスアップできるアルミ削り出しのストレーナーキャップ。レッド、ブラック、ゴールドの3カラー設定
キタコ　¥2,750

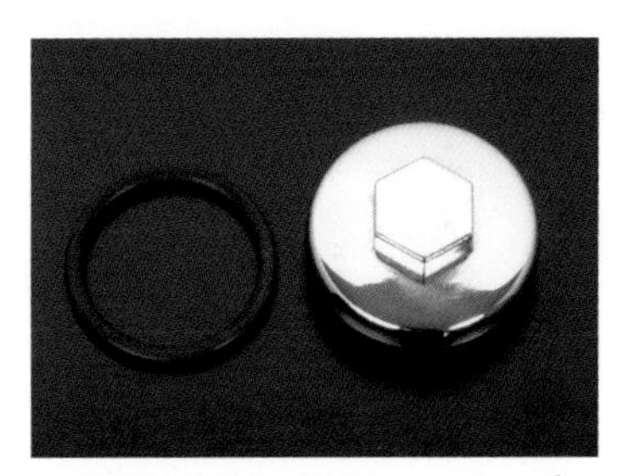

オイルフィルタースクリーンキャップ
ノーマルのオイルフィルタースクリーン固定キャップから交換することでドレスアップできるメッキ仕様のキャップ
スペシャルパーツ武川　¥1,100

アルミドレンボルト（ネオジム磁石付き）
PCXではオイルフィルタースクリーン固定キャップとして使うアイテム。オイル中の鉄粉を吸着するネオジム磁石付き
スペシャルパーツ武川　¥4,620

オイルフィラーキャップ
シルバーのクラシックタイプ、チタンゴールドおよびブラックのクラウンタイプからセレクトできる
モリワキエンジニアリング
¥3,850

オイルフィラーキャップ

ワイヤリング用のドリルホール加工がされたアルミ削り出しのオイルフィラーキャップ。カラーはレッド、ブルー、グリーン、ブラック、ゴールド

SNIPER　¥3,740

オイルフィラーキャップ Type-FB

ヨシムラレーサーにも使われるデザインを採用したアルミ削り出しのフィラーキャップ。カラーはレッドとスレートグレーが選べる

ヨシムラジャパン　¥3,300

アルミドレンボルト D-1

軽量高強度アルミ合金採用のドレンボルト。ブルーアルマイト仕上げで、ワイヤーロック用通し穴加工済み。ドレンワッシャ付き

キタコ　¥1,430

アルミドレンボルト

エンジンオイルに混ざった鉄粉を吸着する強力磁石付きのドレンボルト。ワイヤーロック用および同社製温度センサー差し込み穴を備える。カラーはシルバー、ブラック、ブルー、レッドを設定する

スペシャルパーツ武川　¥2,420

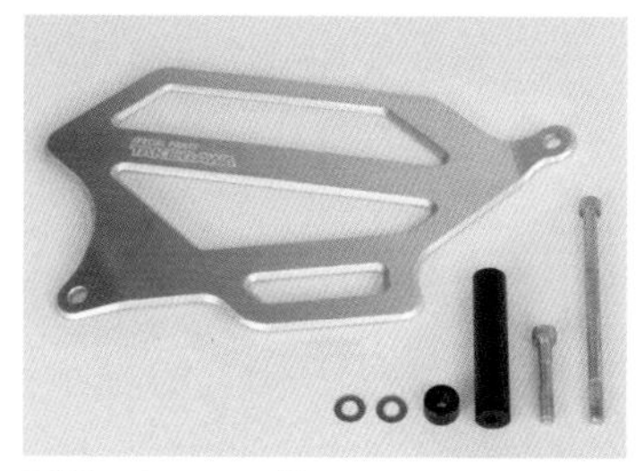

ラジエターコアガード

純正ラジエターカバーの上に取り付けるドレスアップパーツ。ソリッドで冷却効率を考慮したデザインでSP武川ロゴが刻まれる

スペシャルパーツ武川　¥8,580

ハイパーバルブ

クランクケース内に発生する圧力抵抗を減らしパワーロスを無くす手軽かつローコストなアイテム。年式により適合品が異なるので注意

ウイルズウィン　¥4,400

ブリーザーキャッチタンク

クランクケース内の圧力を逃し回転抵抗を減らすことでレスポンスをアップ。写真のポッパータイプのほかバズーカータイプも選べる

ウイルズウィン　¥10,450

ハイパーイグニッションコイル

全回転域の放電電圧を向上させ、ノーマルからチューニング車まで最適な燃焼状態を実現。色は黄、赤、青、黒、橙の5種から選べる

スペシャルパーツ武川　¥5,610

O リング OH-01

PCXではオイルレベルゲージ部に適合する純正と同サイズの補修用Oリング。オイル漏れを避けるため定期的に交換しておきたい

キタコ　¥264

Oリング　OH-13

オイルストレーナーキャップに使える補修用のO リング。オイル交換を自前でする場合、用意しておきたいアイテムだ

キタコ　¥176

ノックピン

L クランクケースとギアケースの間に使われるもの（純正品番 94301-10120）と同形状のノックピン。スチール製で2個セット

キタコ　¥352

Others
その他パーツ

これまでの分類に当てはまらない商品を紹介する。多彩なものが揃うので見逃し厳禁だ。

スマートキーケース タイプ2
無機質なスマートキーをドレスアップすることができる、アルミ削り出しのキーケース。アルマイト仕上げでレッド、ブラック。ガンメタリックの3カラーが用意されている

キタコ ¥5,280

スマートキーステッカー ホンダタイプ2
黒一色のスマートキーを簡単にドレスアップできる専用ステッカー。ブラックカーボン調、ホワイトカーボン調、シルバーヘアライン調の3デザインを設定している

キタコ ¥330

ツインカメラドライブレコーダー取り付けセット
汎用のツインカメラドライブレコーダーを配線加工無しで取付可能としたボルトオンキットで、電源取り出しやカメラステー等が付属する。レコーダーはLED信号対応で地域に関わらず信号が点滅している映像が録画できる

エンデュランス ¥23,980

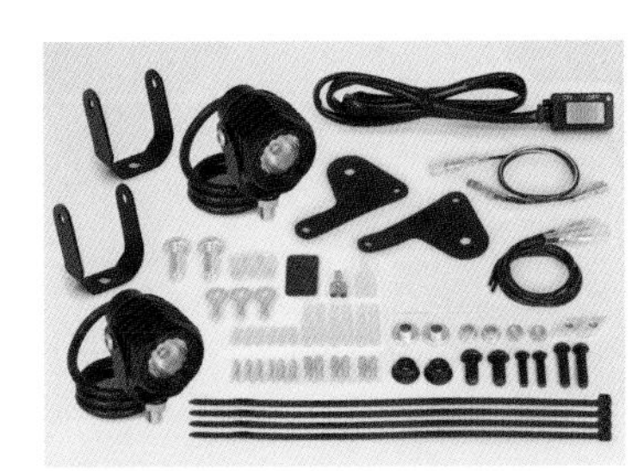

LEDフォグランプキット3.0(950)
濃い霧や激しい雨の時の視認性向上や夜間走行時の安全性を高められるフォグランプ。車体側の加工無しに取り付けすることができる

スペシャルパーツ武川 ¥22,800

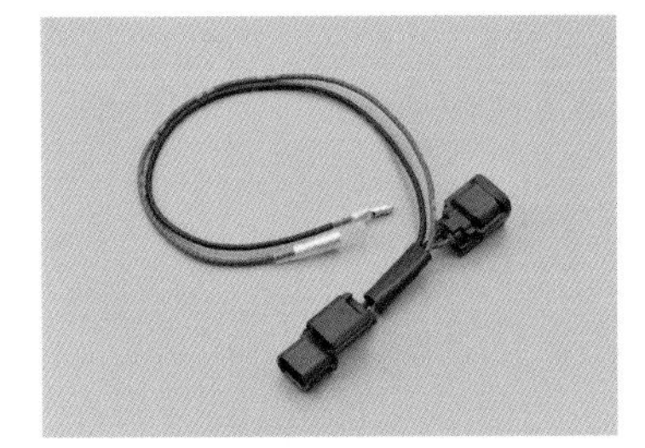

かんたん!電源取出しハーネスPCX125
フロントカウル内電源カプラーに接続する、簡単にプラスとマイナスの配線を取り出せるハーネス。許容電力は12V3Aとなっている

デイトナ ¥1,450

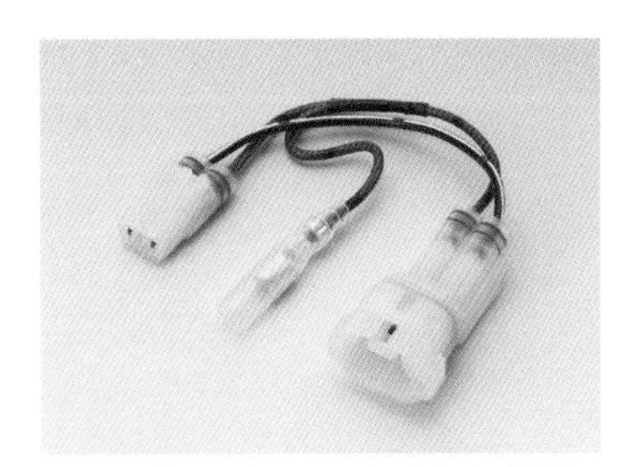

ACC分岐ハーネス HM090タイプ 2極
車体側オプションカプラーに接続して使うアクセサリー電源分岐用ハーネス。イモビライザー用カプラーとアクセサリー用2Pカプラーあり

キジマ ¥990

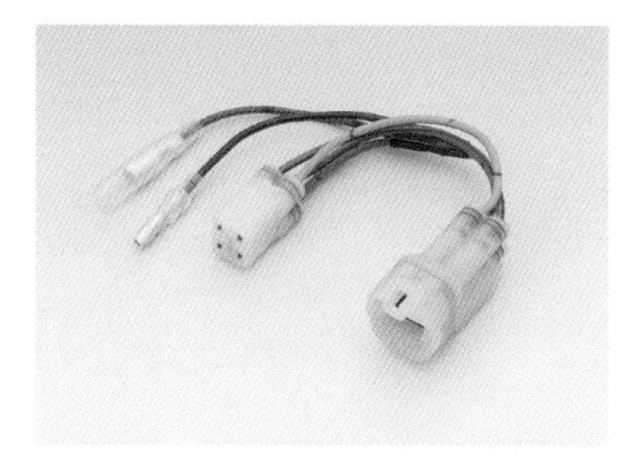

ACC分岐ハーネス HM090タイプ4極

オプションカプラーに接続するアクセサリー電源分岐用ハーネス。グリップヒーターや電装品の接続に便利

キジマ　¥1,650

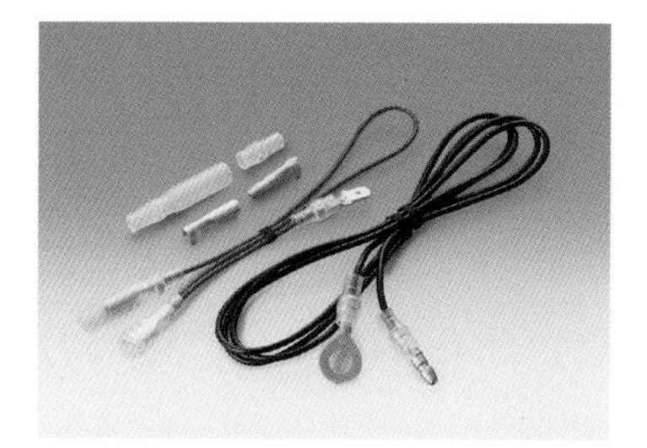

ACC分岐ハーネス187平型　汎用

ブレーキスイッチからアクセサリー用電源を得るための汎用分岐ハーネス。バッテリー結線用アース線が付属する

キジマ　¥660

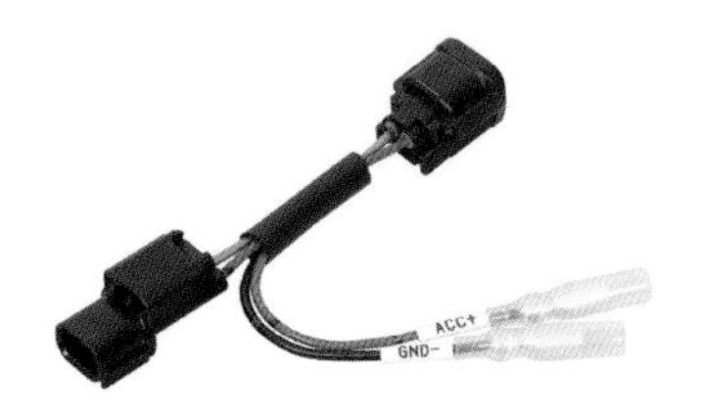

電源取り出しハーネス ホンダ(タイプ5)

純正USBユニット裏側のカプラーに接続するアクセサリー電源取り出しハーネス。専用設計で簡単に装着できる

キタコ　¥1,320

サイドスタンドスイッチキャンセラー

サイドスタンド使用時のエンジンストップ機能をキャンセルするハーネス。装着後の取り扱いには充分に注意すること

キタコ　¥880

SBSブレーキパッド E193シリーズ E

セラミック材を使い扱いやすさ、制動力、耐久性を両立させたブレーキパッドで、リアキャリパー用となる

キタコ　¥3,630

SBSブレーキパッド 859シリーズ HF

フロントキャリパーに適合するスクーター用標準パッド。扱いやすさ、制動力、耐久性を兼ね備えたコストパフォーマンスに優れたパッドだ

キタコ　¥3,960

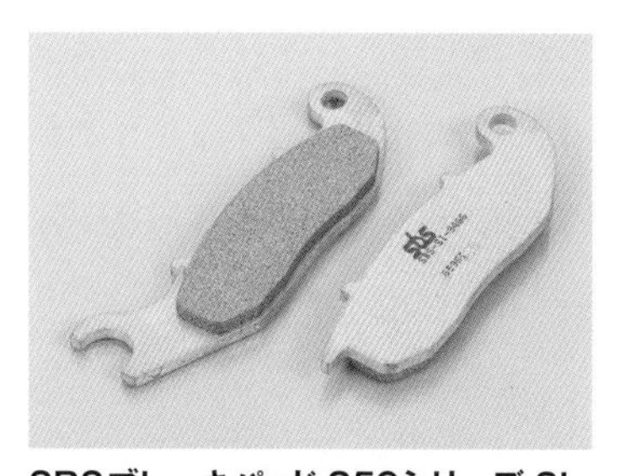

SBSブレーキパッド 859シリーズ SI

シンターメタル材を用い、ノーマルより制動力に優れたブレーキパッド。E･HF シリーズのグレードアップに。フロント用

キタコ　¥5,280

ホンダ純正 リアブレーキパッド

ブレーキパッド消耗時に安心して装着できるホンダ純正のブレーキパッド。リアブレーキ用で、2枚セットとなる

KN企画　¥3,960

フローティングディスクローター

ブレーキ時に起こる熱歪みが与える影響を最小限にするフローティング構造のブレーキローター。ノーマルキャリパー対応

スペシャルパーツ武川　¥22,000

ローターボルト (スチール)

ディスクローター脱着時に新品に交換したい補修用ディスクローターボルト。M8×24サイズで1本ずつの販売となる

キタコ　¥254

ローターボルト (スチール)

ネジの緩みやネジ山破損の恐れがあり再使用は避けたいディスクローターボルト。これはその補修ボルトの3本セットでネジロック剤塗布済み

キタコ
¥726

ウルトラロボットアームロック TDZ-05

多関節で使いやすい、強靭な素材を使った堅牢なロック。25t油圧カッター破断テストクリア品。全長約1,450mm、総重量約6.0kgで、アームは強化ナイロン製保護カバーで覆われる

キタコ　¥56,100

ウルトラロボットアームロック TDZ-07

19mm角×90mmのアームとΦ25mm先端シャフトを用いたロック。TDZ-07は全長約2,250mmサイズで重量は約9.0kgとなる

キタコ　¥71,500

ウルトラロボットアームロック TDZ-09

05、07より太いアームと先端シャフトを使い防犯レベルを更に引き上げたロック。全長は約2,300mmとなる

キタコ　¥91,300

ウルトラロボットアームロック TDZ-11

50t油圧カッターでも破断できない超堅牢なロボットアームロック。長さは約2,400mm。重さは約19.0kg

キタコ　¥117,700

ウルトラロボットアームロック TDZ-13

70t油圧カッター破断テストをクリアした史上最強レベルのロック。重さ約24.0kgと重量級だがこれ以上の安心感は他では得られない

キタコ　¥145,200

MAKER LIST

アクティブ	https://www.acv.co.jp
アルキャンハンズ	http://alcanhands.co.jp
ウイルズウィン	https://wiruswin.com
MDF	https://www.mdf-g.com
エンデュランス	https://endurance-parts.com
キジマ	https://www.tk-kijima.co.jp
キタコ	https://www.kitaco.co.jp
KN企画	https://www.kn926.net
SNIPER	https://sniper.parts
スペシャルパーツ武川	http://www.takegawa.co.jp
デイトナ	https://www.daytona.co.jp
プロト	https://www.plotonline.com
モリワキエンジニアリング	http://www.moriwaki.co.jp
ヤマモトレーシング	https://www.yamamoto-eng.co.jp
ヨシムラジャパン	https://www.yoshimura-jp.com
ワールドウォーク	https://world-walk.com/
YSS JAPAN	https://www.win-pmc.com/yss/

STAFF

PUBLISHER
高橋清子　Kiyoko Takahashi

EDITOR, WRITER & PHOTOGRAPHER
佐久間則夫　Norio Sakuma

DESIGNER
小島進也　Shinya Kojima

ADVERTISING STAFF
西下聡一郎　Soichiro Nishishita

PHOTOGRAPHER
鶴身 健　Takeshi Tsurumi
清水 良太郎　Ryota-RAW Shimizu
柴田雅人　Masato Shibata

PRINTING
中央精版印刷株式会社

PLANNING, EDITORIAL & PUBLISHING
(株)スタジオ タック クリエイティブ
〒151-0051 東京都渋谷区千駄ヶ谷3-23-10　若松ビル2F
STUDIO TAC CREATIVE CO.,LTD.
2F, 3-23-10, SENDAGAYA SHIBUYA-KU, TOKYO 151-0051 JAPAN
[企画・編集・デザイン・広告進行]
Telephone 03-5474-6200　Facsimile 03-5474-6202
[販売・営業]
Telephone 03-5474-6213　Facsimile 03-5474-6202

URL https://www.studio-tac.jp
E-mail stc@fd5.so-net.ne.jp

2404A

ホンダ PCX [JK05] [KF47] カスタム&メンテナンス

2024年4月30日 発行

警告

■この本は、習熟者の知識や作業、技術をもとに、編集時に読者に役立つと判断した内容を記事として再構成し掲載しています。そのため、あらゆる人が作業を成功させることを保証するものではありません。よって、出版する当社、株式会社スタジオ タック クリエイティブ、および取材先各社では作業の結果や安全性を一切保証できません。また作業により、物的損害や傷害の可能性があります。その作業上において発生した物的損害や傷害について、当社では一切の責任を負いかねます。すべての作業におけるリスクは、作業を行なうご本人に負っていただくことになりますので、充分にご注意ください。

■使用する物に改変を加えたり、使用説明書等と異なる使い方をした場合には不具合が生じ、事故等の原因になることも考えられます。メーカーが推奨していない使用方法を行なった場合、保証やPL法の対象外になります。

■本書は、2024年2月29日までの情報で編集されています。そのため、本書で掲載している商品やサービスの名称、仕様、価格などは、製造メーカーや小売店などにより、予告無く変更される可能性がありますので、充分にご注意ください。

■写真や内容が一部実物と異なる場合があります。

STUDIO TAC CREATIVE
㈱スタジオ タック クリエイティブ

ISBN978-4-86800-003-7